普通高等教育农业部"十三五"规划教材
《植物生理学》(第3版)配套教材

高等农林教育"十三五"规划教材

植物生理学实验指导

第2版

高俊山　蔡永萍　主编

中国农业大学出版社
·北京·

内 容 简 介

　　植物生理学是一门研究植物生理活动规律的实验科学。掌握植物生理学的实验技术、基本原理以及研究过程,对了解植物生理学的基本理论非常重要。通过植物生理学实验课程的学习,不仅加深对植物生理学基本原理、基础知识的理解,而且能培养学生分析、解决问题的能力和严谨的科学态度。

　　《植物生理学实验指导》(第 2 版)在保持第 1 版体系的基础上,修改或重写了部分内容,在传统的验证性实验的基础上,适当增加了一定比例的综合性、设计性实验。全书共包含 58 个实验,主要介绍水分生理、矿质营养生理、光合作用、呼吸作用、生长发育、植物生长调节物质及抗性生理学等实验技术。附录部分包括各种常用数据表及常用试剂的配制和使用方法等,可供读者查阅。

　　本教材所有实验项目均经过参编老师多年实验教学及科研的反复验证,技术成熟,同时也参考了其他一些研究方法,供读者选择使用。本书可作为高等农林院校生物专业和植物生产类各专业的植物生理学实验教材,也可供高等师范院校、综合性大学相关领域的科技工作者参考使用。

图书在版编目(CIP)数据

植物生理学实验指导/高俊山,蔡永萍主编. —2 版. —北京:中国农业大学出版社,2018.12(2022.5 重印)

ISBN 978-7-5655-2161-4

Ⅰ.①植… Ⅱ.①高…②蔡… Ⅲ.①植物生理学-实验-高等学校-教学参考资料

Ⅳ.①Q945-33

中国版本图书馆 CIP 数据核字(2018)第 284881 号

书　　名 植物生理学实验指导　第 2 版	
作　　者 高俊山　蔡永萍　主编	
策划编辑 张秀环	**责任编辑** 郑万萍
封面设计 郑　川	
出版发行 中国农业大学出版社	
社　　址 北京市海淀区圆明园西路 2 号	**邮政编码** 100193
电　　话 发行部 010-62818525,8625	**读者服务部** 010-62732336
编辑部 010-62732617,2618	**出　版　部** 010-62733440
网　　址 http://www.caupress.cn	**E-mail** cbsszs@cau.edu.cn
经　　销 新华书店	
印　　刷 涿州市星河印刷有限公司	
版　　次 2018 年 12 月第 2 版　　2022 年 5 月第 3 次印刷	
规　　格 787×1 092　　16 开本　　10.75 印张　　265 千字	
定　　价 29.00 元	

图书如有质量问题本社发行部负责调换

★ 第2版编写委员会

主　　编　高俊山（安徽农业大学）

　　　　　蔡永萍（安徽农业大学）

副主编　张玉琼（安徽农业大学）

　　　　　王云生（安徽农业大学）

　　　　　陈　楚（淮北师范大学）

编　　者　（按姓氏拼音排序）

　　　　　蔡　健（阜阳师范大学）

　　　　　蔡永萍（安徽农业大学）

　　　　　陈　楚（淮北师范大学）

　　　　　高俊山（安徽农业大学）

　　　　　高丽萍（安徽农业大学）

　　　　　姜　丹（黑龙江八一农垦大学）

　　　　　鞠世杰（黑龙江八一农垦大学）

　　　　　李　玲（合肥师范学院）

　　　　　刘亚军（安徽农业大学）

　　　　　彭云成（安徽农业大学）

　　　　　史刚荣（淮北师范大学）

　　　　　司伟娜（安徽农业大学）

　　　　　王艳芳（鲁东大学）

　　　　　王云生（安徽农业大学）

　　　　　王征宏（河南科技大学）

　　　　　武健东（安徽农业大学）

　　　　　尹彩萍（安徽农业大学）

　　　　　张玉琼（安徽农业大学）

✦ 第1版编写委员会

主　　编　　蔡永萍（安徽农业大学）

副 主 编　　高俊山（安徽农业大学）

　　　　　　张玉琼（安徽农业大学）

编写人员　　（按编写先后排序）

　　　　　　蔡永萍（安徽农业大学）

　　　　　　王艳芳（鲁东大学）

　　　　　　蔡　健（阜阳师范大学）

　　　　　　王云生（安徽农业大学）

　　　　　　鞠世杰（黑龙江八一农垦大学）

　　　　　　高俊山（安徽农业大学）

　　　　　　王征宏（河南科技大学）

　　　　　　张玉琼（安徽农业大学）

　　　　　　姜　丹（黑龙江八一农垦大学）

第2版前言

　　植物生理学实验是高等院校植物生产类和生物类各专业的一门重要专业基础课程，也是进行科学研究和指导农业生产的重要手段和依据，掌握植物生理学实验技术、基本原理以及研究过程对了解植物生理学的基本理论非常重要。开设植物生理学实验课程，不仅可以加深学生对植物生理学基本原理、基础知识的理解，而且对培养学生分析、解决问题的能力和严谨的科学态度以及提高科研技能等都具有十分重要的作用。

　　为适应学校的教学改革，在各相关专业人才培养方案中的植物生理学理论课与实验课的教学时数大幅缩减情况下，教学人员积极调整教学内容，不断更新教学手段，力求做到减课时不减质量，减课堂教学不减能力培养，修改编写了《植物生理学实验指导》(第2版)，本教材与《植物生理学》(第3版)、《植物生理学学习指导》(第2版)同时修订，属于系列教材。

　　本教材在保持第1版体系的基础上，修改或重写了部分内容。收集了水分生理、矿质营养、光合作用、呼吸作用、植物激素、生长发育、逆境生理、物质代谢等方面58个实验，具有全面性和典型性，体现了植物生理学最实用的技术方法，同时注重传统、经典技术理论与现代新兴技术的结合。

　　为兼顾不同专业对植物生理学知识与实验技能的需求，充分考虑学生的学习能力与兴趣差异，本书在传统的验证性实验的基础上，适当增加了一定比例的综合性、设计性实验。实验目的包括直接验证一些植物生理学理论；熟悉植物生理学实验程序；学习如何提出问题、假设并用特定的实验去证实、解决问题及假设；锻炼协同工作能力和独立工作能力；学习植物生理学实验报告和科研报告的写作；培养严谨的科研作风；锻炼学生的自学能力。实际教学安排可根据各专业要求，从中予以选择、调整。

　　本书注重知识的系统性，力求做到编排合理、层次清晰、概念准确、内容简练，方法实用，便于教学。本书借鉴了国内一些优秀教材与资料，引用了国内外相关论文和教材的内容，在此表示衷心的谢意！本教材再版得到安徽农业大学教务处、教材中心和中国农业大学出版社的大力支持和帮助，在此一并表示感谢！

　　本教材在修订再版过程中，编委们根据多年教学一线经验，及本教材第1版使用过程中存在的一些不足，融合了自身多年从事植物生理学教学实践的心得与对一些实验方法改进所做的有效尝试。但由于编者水平有限，书中存在不妥和错误之处，敬请批评指正。

高俊山　蔡永萍

2018 年 11 月

第1版前言

　　植物生理学是农业院校种植业各相关专业重要的学科基础课程,植物生理学实验技术是进行农业科学研究和指导农业生产的重要手段和依据,掌握植物生理学的实验技术、基本原理以及研究过程对了解植物生理学的基本理论非常重要。开设植物生理学实验课程,不仅可以使学生加深对植物生理学基本原理、基础知识的理解,而且对培养学生分析问题、解决问题的能力和严谨的科学态度以及提高科研技能等都具有十分重要的作用。

　　为适应学校的教学改革,各相关专业人才培养方案中的植物生理学理论课与实验课的教学时数大幅缩减,我们积极调整教学内容,不断更新教学手段,力求做到减课时不减质量,减课堂教学不减能力培养,因此编写了这本《植物生理学实验指导》。

　　本实验指导书收集了水分生理、矿质营养、光合作用、呼吸作用、植物激素、生长发育、植物与环境、物质代谢等方面的55个实验,体现了植物生理学最实用的技术方法,同时注重传统、经典技术理论与现代新兴技术的结合。

　　为兼顾不同专业对植物生理学知识与实验技能的需求,充分考虑学生的学习能力与兴趣差异,本书在传统的验证性实验的基础上,适当增加了一定比例的综合性、设计性实验。包括直接验证一些植物生理学理论;熟悉植物生理学实验程序;学习如何提出问题、假设并用特定的实验去证实、解决;锻炼协同工作能力和独立工作能力;学习植物生理学实验报告和科研报告的写作;培养严谨的科研作风;锻炼学生的自学能力。实际教学安排可根据各专业要求,从中予以选择、调整。

　　本书注重知识的系统性,力求做到编排合理、层次清晰、概念准确、内容简练、方法实用、便于教学。书中借鉴了国内一些优秀教材与资料,引用了国内外相关论文和教材的资料和图表,在此表示衷心的谢意!本教材出版得到安徽农业大学教务处、教材中心和中国农业大学出版社的大力支持和帮助,在此一并表示感谢!

　　由于编者水平有限,书中肯定还存在不妥和错误之处,敬请批评指正。

编　者

2014 年 5 月

目　录

实验室规则

1. 实验要求

实验前必须预习实验指导和有关理论,明确实验目的、原理、预期的结果、操作关键步骤及注意事项;实验时要严肃认真专心操作,注意观察实验过程中出现的现象和结果;及时将实验结果如实记录下来,并交给老师当场审核;实验结束后,根据实验结果进行科学分析,按时将实验报告交给老师审阅。结果不良时,必须重做。

2. 仪器使用与保管

常用仪器在首次实验时,按仪器清单进行清点,并负责保管,若有缺损到实验准备室换领,实验结束后如数归还。实验中如有仪器破损必须登记并适当赔偿,实验后必须把玻璃仪器洗净放入柜内,按次序放置好,以提高工作效率并防止破损;贵重仪器尤其要尽力爱护,实验仪器在使用前要了解使用方法,严格遵守操作规程;公用仪器如分光光度计、电动离心机等,每组同学使用时间不宜过长,以免妨碍其他同学使用。

3. 玻璃器皿清洁

玻璃器皿清洗一般应用洗衣粉或去污粉洗涤;铬酸洗液勿用于普通玻璃器皿的洗涤,用过的铬酸洗液须加以保存,直到变为绿色方可弃之,其弃法与浓硫酸液相同;用蒸馏水冲洗玻璃器皿时,应遵循少量多次原则。

4. 试剂使用规则

使用试剂前应仔细辨认标签,看清名称及浓度,确认是否为本实验所需要;取出试剂后,立即将瓶塞盖好,切勿盖错;用好后放回原处,未用完的试剂不得倒回瓶内。取标准溶液时,应先将标准液倒入干净的试管中,再用清洁吸管吸取标准液,以免污染瓶中的标准溶液。使用滴管时,滴管尖端朝下,切勿倒置以免试剂流入橡皮帽内;使用有毒试剂及强酸强碱时,尽可能用量筒量取。用吸管时要用吸耳球吸取,切勿用嘴吸取,以免造成意外。

5. 安全注意事项

低沸点有机溶剂,如乙醚、石油醚、酒精等均系易燃物品,使用时应远离火源,若须加热要用水浴加热,不可直接在火上加热;凡属发烟或产生有毒气体的化学实验,均应在通风柜内进行,以免对人体造成危害;若发生酸碱灼烧事故,先用大量自来水冲洗。酸灼伤者用饱和 $NaHCO_3$ 溶液中和,碱灼伤者用饱和 H_3BO_3 溶液中和,氧化剂伤者用 $Na_2S_2O_4$ 处理。若发生起火事件,根据发生起火性质分别采用沙、水、CO_2 或 CCl_4 灭火器扑灭。离开实验室前必须关好窗户,切断电源、水源,以确保安全。

6. 废弃物处理

所有固体废物,如用过的滤纸、碎屑沉淀物等必须弃于垃圾桶中;浓酸必须弃于小钵中,用水冲淡,然后倒入水池中;实验完成后的沉淀或混合物若含有可提取物质,不可随意舍弃,应交给教师保管。

7. 实验室清洁

实验室必须保持清洁,不得随地吐痰,乱丢纸屑;实验后要清扫实验台面、地面,试剂瓶要摆放整齐;下课时轮流由值日生打扫卫生,经教师检查,方能离开实验室。

实验一 植物组织含水量的测定

一、实验目的与原理

1. 目的：植物组织含水量是植物水分状况的一个重要指标。植物组织含水量不但直接影响植物的生长、气孔状况、光合作用，甚至影响作物产量，而且还对果蔬品质以及种子和粮食的安全贮藏具有至关重要的作用。所以，学习测定植物组织含水量在植物水分生理研究中具有重要的意义。

2. 原理：利用水遇热可蒸发为水蒸气的原理，可用加热烘干法来测定植物组织中的含水量。表示组织含水量的方法有两种：一是以鲜重为基数表示；二是以干重为基数表示。有时也以相对含水量（RWC，或称饱和含水量）表示。RWC更能表明它的生理意义。

鲜重法和干重法：

$$组织含水量（占鲜重）=\frac{W_f-W_d}{W_f}\times100\% \qquad (1\text{-}1)$$

$$组织含水量（占干重）=\frac{W_f-W_d}{W_d}\times100\% \qquad (1\text{-}2)$$

式中：W_f——组织鲜重；

W_d——组织干重。

植物组织相对含水量（RWC）指组织含水量占饱和含水量的百分数：

$$RWC=\frac{W_f-W_d}{W_t-W_d}\times100\% \qquad (1\text{-}3)$$

式中：W_t——组织被水充分饱和后的重量。

水分饱和亏（WSD）指植物组织实际相对含水量距饱和相对含水量（100%）差值的大小。常用下式表示：

$$WSD=1-RWC \qquad (1\text{-}4)$$

实际测定时，可用下式计算：

$$WSD=\frac{W_t-W_f}{W_t-W_d}\times100\% \qquad (1\text{-}5)$$

相对含水量和水分饱和亏可作为比较植物保水能力及推算需水程度的指标。当植物组织含水量降低到产生不可恢复的永久性伤害时的水分饱和亏，称为临界饱和亏。

二、实验用品

1. 材料：植物组织。

3

2.器材：天平(感量 0.1 mg)，烘箱，剪刀，100 mL 烧杯，铝盒，吸水纸。

三、实验内容与操作

1.剪取植物组织，迅速放入已知重量的铝盒中，称出鲜重(W_f)。

2.将植物组织连同铝盒放入已升温至 105 ℃ 的烘箱中，杀青 15 min，然后于 80 ℃ 下烘至恒重，称出干重(W_d)。

3.测定相对含水量，称鲜重后，将样品浸入蒸馏水中或包裹在吸饱水分的湿纱布中 6～8 h，取出后用吸水纸擦干样品表面水分，称重；再将样品浸入蒸馏水中 1 h，取出，擦干，称重，直至样品饱和重量近似，即得样品饱和鲜重(W_t)；若事先已知达到水分饱和所用的时间，则可一次称重而测得饱和鲜重，然后烘干，称出干重(W_d)。

4.将所得的 W_f、W_d、W_t 值代入公式(1-1)、(1-2)、(1-3)、(1-4)或(1-5)，算出样品含水量、相对含水量及水分饱和亏。

四、注意事项

1.植物材料烘干时，杀青时间不能太长。

2.80 ℃ 下烘干 1 天后，称重，然后继续于 80 ℃ 下烘干，再称重，直至恒重。

五、思考题

1.试比较以鲜重为基数的含水量、以干重为基数的含水量、相对含水量几种表示植物组织含水量的方法各有何优缺点。

2.测定饱和含水量时，植物材料在水中浸泡时间过短或过长会出现什么问题，如何防止？

实验二　植物组织水势的测定

一、实验目的与原理

1.目的:水势是推动水在生物体内移动的势能。水在土壤—植物—大气连续体中总是从水势较高处向水势较低处移动。在干旱、盐渍等条件下,一些植物常在细胞内主动积累溶质,以降低其渗透势,降低水势,增加吸水能力;植物体内水势的高低反映水分供求关系,即受水分胁迫的轻重。掌握小液流法测定植物组织水势的基本方法。

2.原理:当植物组织与外液接触时,如果植物组织的水势低于外液的渗透势(溶质势),组织吸水、重量增大而使外液浓度变大;反之,则组织失水、重量减小而外液浓度变小;若两者相等,则水分交换保持动态平衡,组织重量及外液浓度保持不变。根据组织重量或外液浓度的变化情况即可确定与植物组织相同水势的溶液浓度,然后根据公式计算出溶液的渗透势,即为植物组织的水势。溶液渗透势的计算:

$$\psi_s = -icRT \tag{2-1}$$

式中 :ψ_s—溶液的渗透势,MPa;

R—气体常数,0.008 314 MPa·L·mol^{-1}·K^{-1};

T—绝对温度,即 273℃$+t$,K;

c—溶液的物质的量浓度,以 mol·L^{-1} H$_2$O 为单位;

i—溶液的等渗系数,CaCl$_2$ 可用 2.6。

二、实验用品

1.材料:植物叶片。

2.试剂:亚甲蓝溶液;CaCl$_2$ 溶液,包括 0.05、0.10、0.15、0.20、0.25、0.30、0.35、0.40 mol·L^{-1} 共 8 种浓度(也可用蔗糖溶液)。

3.器材:20 mL 试管 8 支,青霉素小瓶 8 个并附有软木塞,橡皮头弯嘴毛细管 1 个,特制试管架 1 个,面积为 0.5～1 cm^2 的打孔器 1 个,镊子 1 个,解剖针 1 支,10 mL 移液管 2 支,2 mL 移液管 8 支,0.5 mL 移液管若干。

三、实验内容与操作

1.取干燥洁净的试管 8 支(为甲组),分别插在试管架相应的位置,编号。试管中分别加 0.05～0.40 mol·L^{-1} 8 种浓度的 CaCl$_2$ 溶液各 10 mL,塞上相应的软木塞。同时在已编号的 8 个青霉素小瓶(为乙组)中分别加入相应浓度的 CaCl$_2$ 溶液各 2 mL。

2.选取均匀一致的植物叶片 8～10 片,叠在一起,用打孔器打取叶圆片 8～10 片,放入青霉素小瓶各 8 片,使叶片浸入溶液,盖紧塞子,平衡 20 min 以上。其间多次摇动小瓶,以加速水分平衡。

3. 到预定时间后,在乙组每一小瓶中,放入 1 小滴亚甲蓝溶液,摇匀,溶液变蓝。

4. 用弯嘴毛细管在乙组小瓶中吸取有色溶液少许,插入装有同样浓度溶液的甲组试管中,弯嘴毛细管尖端放在溶液中部,轻轻挤出有色溶液一小滴,小心取出毛细管(勿搅动有色液滴)。观察有色小液滴的升降情况。

若液滴下降,表示溶液浓度变大,植物组织吸水,组织水势低于溶液渗透势;若液滴上升,表示甲组相应试管中溶液浓度变小,植物组织失水,组织水势高于溶液渗透势;若液滴不动,则表示植物组织既不失水也不吸水,组织水势与溶液渗透势相等,该溶液的渗透势即为植物组织水势。若前一浓度中液滴下降,后一浓度中液滴上升,则取二者浓度的平均值。

5. 分别记录不同浓度中有色液滴的升降情况(表 2-1),找出与组织水势相当的浓度,根据原理公式计算出组织的水势。分析各自的水分状况。

表 2-1 不同浓度 $CaCl_2$ 溶液中蓝色液滴的升降情况

项目	试管编号							
	1	2	3	4	5	6	7	8
$CaCl_2$ 浓度/(mol·L^{-1})	0.05	0.10	0.15	0.20	0.25	0.30	0.35	0.40
蓝色液滴升降情况								

四、注意事项

1. 所取材料在植株上的部位要一致,打取叶圆片要避开主脉和伤口。

2. 取材以及打取叶圆片的过程操作要迅速,以免失水。

3. 毛细管尖端弯成直角,以保证从中出来的液滴不受向下力的影响。

4. 也可用亚甲蓝粉末,但带有结晶水的亚甲蓝不易溶于 $CaCl_2$ 溶液,可在 100℃ 下烘干成无水亚甲蓝粉末使用。

五、思考题

1. 小液流法测定植物组织水势有何优缺点?

2. 小液流法测定植物组织水势时易产生误差的主要步骤有哪些?如何预防?

实验三　植物细胞渗透势的测定

一、实验目的与原理

1. 目的:植物细胞的渗透势主要取决于液泡的溶质浓度,一些植物在细胞内主动积累溶质,以降低其渗透势,增加吸水能力。本实验主要了解植物体内不同组织和细胞之间、植物与环境之间水分的转移与植物组织渗透势的关系,学习质壁分离法测定植物组织渗透势的基本方法。

2. 原理:将植物组织放入一系列不同浓度的蔗糖或甘露醇溶液中,经过一定的时间达到渗透平衡后,细胞在其中发生初始质壁分离的溶液渗透势即等于细胞液的渗透势,此溶液称为等渗溶液,其浓度称为等渗浓度。实际测定时,初始质壁分离状态难以在显微镜下直接观察到,一般根据引起初始质壁分离的溶液浓度与相邻的不引起质壁分离的溶液浓度的平均值,求出等渗浓度,并计算出此溶液的渗透势,即为细胞的渗透势。根据下述公式即可计算出细胞液的渗透势(ψ_s)。

$$\psi_s = \psi_{so} = -ibRT \tag{3-1}$$

式中:ψ_{so}——供试溶液的渗透势,MPa;

　　　i——溶质的解离系数(蔗糖为1);

　　　b——供试溶液的质量摩尔浓度,$mol \cdot kg^{-1}$,以水作溶剂;

　　　R——气体常数,$0.008\ 31\ kg \cdot MPa \cdot mol^{-1} \cdot K^{-1}$,$0.008\ 31\ kg \cdot kJ \cdot mol^{-1} \cdot K^{-1}$,$0.083\ 1\ kg \cdot bars \cdot mol^{-1} \cdot K^{-1}$,$0.080\ 205\ kg \cdot atm \cdot mol^{-1} \cdot K^{-1}$,$0.035\ 7\ kg \cdot cal \cdot mol^{-1} \cdot K^{-1}$;

　　　T——热力学温度,K。

二、实验用品

1. 材料:洋葱鳞茎、紫鸭趾草叶片等。

2. 试剂:$1.00\ mol \cdot kg^{-1}$ 蔗糖溶液或甘露醇溶液。

3. 器材:显微镜,载玻片,盖玻片,温度计,尖头镊子,刀片,移液管,培养皿,试剂瓶,烧杯,容量瓶,量筒,吸管,吸水纸等。

三、实验内容与操作

1. 取干燥、洁净的培养皿9套编号,以 $1.00\ mol \cdot kg^{-1}$ 的蔗糖溶液为母液,用蒸馏水稀释成 0.20、0.25、0.30、0.35、0.40、0.45、0.50、0.55、0.60 $mol \cdot kg^{-1}$ 溶液,摇匀后备用。

2. 用刀片在洋葱鳞茎内表皮上划出大小为 0.5 cm×0.5 cm 的小方格,用镊子剥取表皮

(注意撕下表皮的厚度要适当)。立即投入不同浓度的蔗糖溶液中(由高浓度向低浓度),每一浓度放入 4～5 片表皮块,使表皮完全浸入溶液。

3.表皮在蔗糖溶液中浸泡 15～20 min 后,从最高浓度的蔗糖溶液开始,按原来放入的顺序取出表皮,在载玻片上滴 1～2 滴相应浓度的蔗糖溶液,加盖玻片,在显微镜下观察 5 个以上视野,记录并计算质壁分离的情况。找出引起 50% 以上的细胞发生初始质壁分离(即原生质刚刚从细胞壁的角隅处与细胞壁分离)的蔗糖溶液浓度,以及不足 50% 的细胞发生质壁分离或不产生质壁分离的蔗糖溶液浓度。

4.重新配制上述结果两种浓度的蔗糖溶液,用新的表皮重复实验 1～2 次,直到实验结果符合要求。这两种蔗糖溶液渗透势的平均值即为细胞液的渗透势。

5.结果计算

根据 $\psi_s = -ibRT$ 计算植物细胞的渗透势。

四、注意事项

1.撕下的表皮组织必须完全浸没于蔗糖溶液中,浸没时间不能过短,否则会影响实验结果。

2.选用有色素的洋葱鳞茎外表皮实验效果较好。

五、思考题

1.配制蔗糖溶液时为何用质量摩尔浓度(mol·kg⁻¹)而不用物质的量浓度(mol·L⁻¹)?

2.发生细胞质壁分离时,植物细胞的水势由什么组成?

3.哪些情况下可能发生细胞质壁分离?采用什么措施才能使质壁分离的细胞复原?

4.什么是植物细胞的渗透势,它在细胞与周围环境的水分平衡中起什么作用?

实验四　植物气孔开闭状况的测定

一、实验目的与原理

1.目的:气孔是植物叶片与外界进行气体交换的主要通道,气孔在叶片上的分布、密度、形状、大小以及开闭情况等,可影响叶片扩散阻力而对植物的光合作用与蒸腾作用产生影响。本实验目的在于了解叶片气孔的分布、密度、形状、大小以及开闭情况,学习印迹法观测叶片气孔开闭的情况。

2.原理:印迹法是直观观测气孔开闭状况的方法,其原理是将有机物的溶胶涂于叶片表面,干后即成为表皮细胞及气孔的印膜,供永久保存。将印膜撕下,在显微镜下计量气孔密度、观察气孔开闭、测量气孔的大小等。单位叶面积气孔数目的计算:先记录显微镜每一视野中气孔的数目,再用显微测微尺量出视野直径,求得视野面积,由此计算出单位叶面积气孔的数目。

二、实验用品

1.材料:植物叶片。

2.试剂:

(1)牛皮胶溶液:称取牛皮胶5～10 g,放入100 mL水中,加热(置水浴锅中)成溶胶。若需保存较长时间,可加数滴防腐剂(如甲苯、亮绿、番红等)。

(2)醋酸纤维素溶胶:称醋酸纤维素1 g,加100%丙酮10 mL溶解即可。

(3)石蜡或阿拉伯胶。

3.器材:显微镜,显微测微尺,载玻片,盖玻片,磨口玻璃瓶,毛笔或小玻璃棒,解剖针,尖头镊子,脱脂棉。

三、实验内容与操作

1.测定气孔数目和密度:将新鲜叶片上表皮或下表皮制片,置于显微镜下计算视野中气孔的数目,移动制片,在表皮的不同部位进行5～6次计数,求其平均值。随后用显微测微尺量得视野的直径,按公式 $S = \pi r^2$ 计算出显微镜的视野面积 S,用视野中气孔的平均数除以视野面积,即可求出气孔密度,以"CFU·mm^{-2}(气孔个数·$毫米^{-2}$)"表示。

2.气孔状态的观测:用干净毛笔或小玻璃棒在供试植物叶片的下表皮上均匀地刷一薄层牛皮溶胶,待胶膜干后,用镊子取下胶膜,放在载玻片上,盖上盖玻片(若长期保存,可在干燥条件下用石蜡或阿拉伯胶把盖玻片封固),在放有显微测微尺的显微镜下观察,测量10个气孔的开张度,求出平均值,即为供试植物在当时条件下的气孔开度。

3.实验结果:记录不同植物叶片和同一叶片的上下表皮气孔数和密度以及气孔的开度。

四、注意事项

1. 表皮不易撕开的叶片,可用火棉胶制取叶片表面模型,然后进行测定。

2. 牛皮胶膜如遇水会吸湿,印迹胶膜则立即变形或消失。

五、思考题

1. 牛皮胶印迹法与其他印迹法相比有哪些优点?

2. 阴生植物与阳生植物的叶片气孔密度有何不同?阴天和晴天叶片的气孔状态有何不同?

实验五　钾离子对气孔开度的影响

一、实验目的与原理

1.目的:气孔两侧保卫细胞的胀缩变化直接影响气孔的开闭,显著地影响着叶片的光合、蒸腾等生理过程。气孔运动的无机离子吸收学说认为,气孔运动主要是 K^+ 调节保卫细胞渗透系统的缘故。本实验的目的是了解钾离子对气孔开度的影响。

2.原理:保卫细胞的渗透系统可由钾离子所调节。在 ATP 的参与下,保卫细胞原生质膜上的钾-氢离子交换泵使保卫细胞逆着离子电化学势差而从周围表皮细胞吸收钾离子,降低保卫细胞的渗透势,从而使气孔张开。气孔的开闭程度与保卫细胞积累 K^+ 有着非常密切的关系,非环式光合磷酸化或环式光合磷酸化形成 ATP,保卫细胞质膜上具有光活化 H^+ 泵, H^+ 泵水解 ATP,利用释放能量将 H^+ 分泌到细胞壁,内向 K^+ 离子通道开启,外边的 K^+ 转移进保卫细胞,从而降低保卫细胞水势,吸水膨胀,使气孔张开。

二、实验用品

1.材料:蚕豆叶、鸭跖草等。
2.试剂:0.5% KNO_3 溶液,0.5% $NaNO_3$ 溶液。
3.器材:显微镜,培养皿,温箱,镊子,载玻片,盖玻片。

三、实验内容与操作

1.取 3 个培养皿编号,分别加入 0.5% KNO_3 溶液、0.5% $NaNO_3$ 溶液及蒸馏水各 15 mL。

2.撕下的蚕豆叶表皮分别放入上述 3 个培养皿中,将培养皿置于 25℃温箱中保温至温度达到 25℃。

3.取出培养皿放在人工光照条件下照射 0.5 h。

4.分别取出不同处理的叶表皮放在载玻片上,加盖玻片,在显微镜下测量表皮的气孔开度。记录并比较两种溶液中植物叶片的气孔开度。

四、注意事项

1.实验前用光照进行处理,以促使气孔开张,缩短实验时间,提高处理效应,这是实验成功之关键。

2.室温低时,将照光培养皿离光源稍近一些,使培养皿中溶液温度能上升至 30～35℃。

五、思考题

1.试比较在何种溶液中气孔的开度最大。为什么？
2.观察前为何要加温与照光？

实验六　植物蒸腾速率的测定

一、实验目的与原理

1. 目的：蒸腾的快慢与矿质盐在植物体内运输的速度以及叶温等都有关系，蒸腾速率可作为确定需水程度的重要指标。本实验主要是掌握在自然条件下用离体快速称重法测定植物蒸腾速率的原理和方法。

2. 原理：植物蒸腾失水重量减轻，因此可用称重法测得一定叶面积（或一定叶片重量）在一定时间内所失水量，从而求出蒸腾速率。植物枝叶虽剪离母体，但短时间内在生理上尚无明显变化，测得的蒸腾速率与实际情况近似。本法的缺点是必须损耗植物材料，不能连续测量和自动记录较长时间内的蒸腾速率。

二、实验用品

1. 材料：植物带柄叶子或小枝条。
2. 器材：托盘式扭力天平，镊子，剪刀，三角瓶，带孔橡皮塞等。

三、实验内容与操作

1. 剪下带柄叶子或小枝条，称其重量，记录 W_1。
2. 将三角瓶装上适量的水，盖上带孔的橡皮塞，将预先准备好的叶子或枝条通过带孔的橡皮塞插入三角瓶的水中，封闭。擦干三角瓶外的水，称重，记录其重量 W_2。
3. 在室内或室外放置 $1 \sim 2$ h 后称其重，记录其重量 W_3。
4. 用 W_2 减去 W_3 即为蒸腾的水量。
5. 可用下面两种方法求得蒸腾强度。

(1) 用透明方格板计算所测叶子和枝条的叶面积（cm^2），按下式计算蒸腾强度[计算成每平方米叶面积每小时蒸腾水分的质量（g）]。

$$蒸腾强度（g\ H_2O \cdot m^{-2} \cdot h^{-1}）= \frac{蒸腾失水量（g）\times 600\ 000}{叶面积（cm^2）\times 测定时间（min）}$$

(2) 针对树之类不便计算叶面积的植物可用称原始鲜重的方法，求得蒸腾强度[每克叶片每小时蒸腾水分质量（mg）]。

$$蒸腾强度（mg\ H_2O \cdot g^{-1} \cdot h^{-1}）= \frac{蒸腾水量（mg）\times 60}{组织鲜重（g）\times 测定时间（min）}$$

四、注意事项

1. 天平灵敏度要高且称量范围大（$0.01 \sim 100$ g），能随时监测植物材料重量变化。

2.以鲜重为基础计算蒸腾强度时,应将嫩梢计算在蒸腾组织的重量之内。

五、思考题

1.在测定蒸腾速率的时候,叶片不同部位的值有何差别?

2.测定蒸腾速率在水分生理研究上有何意义?

实验七　硝酸还原酶活性的测定

一、实验目的与原理

1. 目的:植物根系吸收的 NO_3^- 必须经代谢性还原才能被植物体进一步利用。硝酸还原酶(EC.1.6.6.1,缩写 NR)是硝酸盐同化中第一个酶,也是限速酶,处于植物氮代谢的关键位置。NR 与植物吸收利用氮肥有关,对农作物产量和品质有重要影响,因而硝酸还原酶活性被当作植物营养或农田施肥的指标之一,也可作为品种选育的指标之一。通过本实验初步掌握测定硝酸还原酶活性的原理和方法,了解硝酸还原酶的特性。

2. 原理:硝酸还原酶催化植物体内的硝酸盐还原为亚硝酸盐,产生的 NO_2^- 可以从植物组织内渗透到外界溶液中,并积累在溶液中,测定反应溶液中 NO_2^- 含量的增加,即表明酶活性的大小。

$$NO_3^- + NADH + H^+ \xrightarrow{NR} NO_2^- + NAD^+ + H_2O$$

在一定条件下,NO_2^- 的生成量与硝酸还原酶活性呈正相关。NO_2^- 含量可用磺胺显色法测定,即在酸性条件下与对-氨基苯磺酸(或对-氨基苯磺酰胺)发生重氮反应,生成的重氮化合物又与 α-萘胺(或 N-萘基乙二胺盐酸盐)生成红色偶氮化合物,可在 540 nm 下比色测定。反应如下:

红色偶氮化合物

硝酸还原酶活性一般采用活体法或离体法测定。离体法需将材料磨成匀浆,经过滤或离心除去残渣,以上清液为硝酸还原酶粗酶液进行测定。由于研磨中 NADH 受损失,必需外加 NADH 方可测定。活体法是直接用鲜活组织进行测定,环境中的 NO_3^- 进入细胞后,被硝酸还原酶还原成 NO_2^- 并扩散到细胞外在溶液中积累,测定溶液中 NO_2^- 的含量即可得知硝酸还原酶活性的大小。活体法不破坏细胞原有的酶反应系统,NADH 可由代谢反应不断生成,无须外加。活体法简便、快速,不需要贵重仪器设备及低温条件,但重复性欠佳,应做一定量的重复。本实验采用活体法测定硝酸还原酶活性。

二、实验用品

1.材料:可选用小麦、玉米、白菜、油菜、烟叶等作物的新鲜叶片。

2.试剂:

(1)$NaNO_2$ 标准液:精确称取 $NaNO_2$ 0.100 0 g,用水溶解后定容至 100 mL,吸取此液 5 mL,用水稀释定容至 1 000 mL,即为 5 $\mu g \cdot mL^{-1}$ 的 $NaNO_2$ 标准液。

(2)0.1 $mol \cdot L^{-1}$ pH 7.5 磷酸缓冲液:

A 液(0.2 $mol \cdot L^{-1}$ Na_2HPO_4):称取 $Na_2HPO_4 \cdot 2H_2O$(A.R)35.61 g,用蒸馏水溶解并定容至 1 000 mL;

B 液(0.2 $mol \cdot L^{-1}$ NaH_2PO_4):称取 $NaH_2PO_4 \cdot H_2O$(A.R)27.6 g,用蒸馏水溶解并定容至 1 000 mL;

取 A 液 84.0 mL 和 B 液 16.0 mL,混匀,加蒸馏水 100 mL。必要时用酸度计测定其 pH,并用 HCl 或 NaOH 溶液校正至 pH 7.5。

(3)0.1 $mol \cdot L^{-1}$ KNO_3 溶液:称取 2.527 5 g KNO_3(A.R)溶于磷酸缓冲液并定容至 250 mL。

(4)1.0% 对-氨基苯磺酸溶液:称取 1 g 对-氨基苯磺酸,加 25 mL 浓盐酸,用水定容至 100 mL。

(5)0.2% α-萘胺溶液:称取 0.2 g α-萘胺,加 25 mL 冰乙酸,用水定容至 100 mL。

3.器材:天平,真空泵和真空干燥器,离心机,20 mL 刻度试管,50 mL 三角瓶,水浴锅,恒温箱,分光光度计,5 mL、2 mL、1 mL 移液管。

三、实验内容与操作

1.标准曲线的制作:取 6 支干净试管,编号,按表 7-1 顺序加入试剂。

表 7-1 标准曲线制作配制表

项目		试 管 号					
		1	2	3	4	5	6
$NaNO_2$ 标准液/mL		0	0.4	0.8	1.2	1.6	2.0
试剂	蒸馏水/mL	2.0	1.6	1.2	0.8	0.4	0
	1% 对-氨基苯磺酸溶液/mL	4.0	4.0	4.0	4.0	4.0	4.0
	0.2% α-萘胺溶液/mL	4.0	4.0	4.0	4.0	4.0	4.0
$NaNO_2$ 含量/μg		0	2	4	6	8	10

摇匀后在 30℃ 保温 20 min,然后在 520 nm 波长下测定光密度,以亚硝酸含量为横坐标,光密度为纵坐标绘制标准曲线。

2.酶反应和酶活性的测定:将实验材料(如白菜叶片)用水洗净,再用蒸馏水冲洗,然后用纱布或滤纸吸干。将材料剪成 1 cm × 1 cm 左右的小块,混合均匀后分别称取 4 份,每份

$1\,g$,然后分别放入 4 只 $50\,mL$ 的三角瓶中,编号后按表 7-2 加入各种试剂。

表 7-2　酶活性测定试剂配制表　　　　　　　　　　　　　　　　　　　mL

试剂	三角瓶编号			
	1	2	3	4
$0.1\,mol \cdot L^{-1}$ pH 7.5 磷酸缓冲液	5.0	5.0	5.0	5.0
$0.1\,mol \cdot L^{-1}$ KNO_3 溶液			5.0	5.0
蒸馏水	5.0	5.0	0	0

3.摇匀后将三角瓶置于真空干燥器中,接上真空泵抽气 10 min。放气后叶片变软并沉入溶液。将三角瓶取出放入恒温箱,在 30℃、暗条件下保温 30 min。

4.分别吸取上清液 2 mL 于另一试管中,各加入 4 mL 1‰ 对-氨基苯磺酸溶液和 4 mL 0.2% α-萘胺溶液,30℃保温显色 20 min 后,测定 520 nm 波长下的光密度。用 3、4 号管溶液光密度平均值减去 1、2 号管溶液的光密度平均值,得到的值在标准曲线上查出相应的 $NaNO_2$ 含量(μg)。

5.结果与计算:把在标准曲线上查得的 $NaNO_2$ 含量代入下式,计算硝酸还原酶活性。

$$NR\ 活性(\mu g\ NaNO_2 \cdot g^{-1}\ 鲜重 \cdot h^{-1}) = \frac{NaNO_2(\mu g) \times 反应液的总体积}{样品重(g) \times 时间(h)}$$

四、注意事项

1.真空抽气可在真空恒温箱中进行(抽气至 700 mm Hg 柱,10 min),也可以在真空干燥器中接真空泵抽气。

2.硝酸盐还原酶反应要在黑暗条件下进行,防止叶绿体在光合作用时产生的铁氧还蛋白还原 NO_2^-,以保证测定结果的准确。

3.硝酸还原酶是诱导酶,光照是其诱导条件之一,所以应在光合作用进行了一段时间以后(3 h)采样,田间采样应在早晨 9 点以后。

4.无机磷对硝酸还原酶活力有促进作用,所以常用磷酸缓冲液。

5.在配制标准溶液时,加入 $NaNO_2$ 标准液和蒸馏水后要摇匀。显色时,加入 1‰ 对-氨基苯磺酸溶液后应充分摇匀。

6.从显色到比色的实验要保持一致,显色时间过长或过短对颜色都有影响。

五、思考题

1.为什么要将加有样品和试剂的三角瓶放入真空干燥器抽气?

2.什么叫诱导酶?硝酸还原酶与植物氮代谢有何关系?

3.如果利用离体法测定 NR 活力,应该如何设计实验?

实验八　植物的溶液培养和缺素症观察

一、实验目的与原理

1. 目的:必需元素是维持植物正常生理活动所必需的矿质元素。要确定各种元素是否为植物生长所必需,必须借助无土培养法(溶液培养或砂基培养)才能确定。近年来,无土栽培不仅仅是一种研究手段,而且成为新的生产方式,在蔬菜、花卉生产中大规模应用。本实验学习植物的溶液培养技术,并了解氮、磷、钾、钙、镁、铁等元素对植物生长发育的必需性。

2. 原理:用植物必需的矿质元素配成营养液培养植物,所用元素的种类和用量可完全人为地加以控制。要了解某元素缺乏所引起的生理病症,可从营养液中减去该元素,在以后的生长过程中进行观察,观察到缺素症后将所缺元素加入营养液中,缺素症状又逐渐消失。

这类实验通常用溶液培养,为了管理方便,也常将溶液加入洁净的石英砂培养植物,则称为砂基培养。

二、实验用品

1. 材料:玉米幼苗、番茄幼苗、向日葵幼苗。

2. 试剂:硝酸钾,硫酸镁,磷酸二氢钾,硫酸钾,硫酸钠,磷酸二氢钠,硝酸钠,硝酸钙,氯化钙,硫酸亚铁,硼酸,氯化锰,硫酸铜,硫酸锌,钼酸,盐酸,乙二胺四乙酸二钠(EDTA-Na$_2$)。

3. 器材:250、500 mL 烧杯,5、1 mL 刻度移液管,1 000 mL 量筒,500 mL 试剂瓶,500 mL 培养瓶,脱脂棉等。

三、实验内容与操作

1. 配制大量元素及 Fe 的贮备液:按表 8-1 用蒸馏水分别配制。

微量元素贮备液按以下配方配制:称取 H$_3$BO$_3$ 2.86 g,MnCl$_2$ · 4H$_2$O 1.18 g,CuSO$_4$ · 5H$_2$O 0.08 g,ZnSO$_4$ · 7H$_2$O 0.22 g,H$_2$MoO$_4$ · H$_2$O 0.09 g,溶于 1 L 蒸馏水中。

2. 按表 8-2 配成完全营养液或缺素营养液(用蒸馏水,调节 pH 至 5.5～5.8)。

3. 将以上配制的培养液各 400 mL 分别加入 500 mL 培养瓶中,用棉花把植株幼茎通过小孔固定在盖上,使整个根系浸入培养液中,贴上标签,写明日期。装好后将培养瓶放在光照充足、温度适宜(20～25℃)的地方。

表 8-1　大量元素贮备液配制表　　　　　　　　　　　　　　　　　g·L⁻¹

营养盐	浓度
$Ca(NO_3)_2 \cdot 4H_2O$	236
KNO_3	102
$MgSO_4 \cdot 7H_2O$	98
KH_2PO_4	27
K_2SO_4	88
$CaCl_2$	111
NaH_2PO_4	24
$NaNO_3$	170
Na_2SO_4	21
EDTA-Fe $\begin{cases} EDTA-Na_2 \\ FeSO_4 \cdot 7H_2O \end{cases}$	7.45 / 5.57

表 8-2　缺素培养液的配制　　　　　　　　　　　　　　　　　　　mL

贮备液	每 100 mL 培养液中贮备液的用量					
	完全	缺 N	缺 P	缺 K	缺 Ca	缺 Mg	缺 Fe
$Ca(NO_3)_2$	0.5	—	0.5	0.5	—	0.5	0.5
KNO_3	0.5	—	0.5	—	—	0.5	0.5
$MgSO_4$	0.5	0.5	0.5	0.5	0.5	—	0.5
KH_2PO_4	0.5	0.5	—	—	0.5	0.5	0.5
K_2SO_4	—	0.5	0.5	—	0.5	—	—
$CaCl_2$	—	0.5	—	—	—	—	—
NaH_2PO_4	—	—	—	0.5	—	—	—
$NaNO_3$	—	—	—	0.5	0.5	—	—
Na_2SO_4	—	—	—	—	—	0.5	—
EDTA-Fe	0.5	0.5	0.5	0.5	0.5	0.5	—
微量元素	0.1	0.1	0.1	0.1	0.1	0.1	0.1

4.移栽的小苗可选用玉米苗或者番茄苗。玉米苗移栽时要去掉胚乳并将根系清洗干净。

5.实验开始后,每 2～3 天观察 1 次,密切观察并记录各处理苗的生长情况、各种缺素症状和发展情况,记录结果于表 8-3。注意记录缺乏必需元素时所表现的症状及最先出现症状的部位。

表 8-3 植物生长状况记录表

日期/天	处理(生长情况、缺素症状)					
	完全	缺 N	缺 P	缺 K	缺 Ca	缺 Mg	缺 Fe
7							
14							
21							
28							

四、注意事项

1. 注意保持培养液 pH 在 5.5～6.0,用精密 pH 试纸测试培养液的 pH,如变动较大可用稀酸和稀碱调整到 5～6。

2. 注意试剂污染及混淆。

3. 培养液每 2 周更换 1 次。为使根系生长良好,最好应在盖与溶液之间保留一定空隙,以利于通气。经常补充培养瓶内由于植物蒸腾造成的水分损失,每周注意加蒸馏水。

4. 实验前记录幼苗发育状态(根长、茎粗、叶片大小和颜色等),实验期间随时记录植株生长发育情况和病变,结束时记录植株的鲜重、高度、叶片颜色。也可测定植物内部元素的含量。

五、思考题

1. 根据实验结果描述缺素时表现的典型症状,并分析原因。

溶液类型	症状(地上及地下)	病症原因分析
完全		
缺 N		
缺 P		
缺 K		
缺 Mg		
缺 Ca		
缺 Fe		

2. 比较正常植株与缺 N、缺 P 植株的叶片颜色和根系数量的差异。

3. 比较正常植株与缺 Ca 植株幼嫩组织的差异。

实验九　单盐毒害及离子间拮抗现象

一、实验目的与原理

1. 目的：通过简单实验说明培养液中各种离子平衡（各种离子及其浓度）的重要性。

2. 原理：任何植物如果培养在单一种盐溶液中（或用很纯的盐类配成单盐溶液时），不久即呈现不正常状态，其破坏植物原生质的正常状态而发生毒害作用，最后导致死亡。这种单盐毒害现象，即使在浓度很低，而且是植物所必需的元素的单盐溶液中也会发生。尤其是阳离子的毒害更为严重，因为阳离子对原生质的理化特性及生理机能有巨大的影响，如 K^+ 能使原生质黏度变小，而 Ca^{2+} 则能使原生质黏度变大。如果在这种单盐溶液中加入一种微量的其他盐（阳离子），便可减轻或消除单盐毒害。离子价数越高，其消除单盐毒害作用所需的浓度越低，这种现象称为离子间的对抗作用（拮抗作用）。

二、实验用品

1. 材料：玉米幼苗。

在实验前 3～4 天选择饱满的玉米种子 100 粒浸种，在室温下萌发。待根长出 1 cm 时，可用于实验。

2. 试剂：0.12 mol·L^{-1} KCl 溶液；0.06 mol·L^{-1} $CaCl_2$ 溶液；0.12 mol·L^{-1} NaCl 溶液。

3. 器材：三角瓶，棉花。

三、实验内容与操作

取 5 个 250 mL 三角瓶，贴上 1、2、3、4、5 标签，分别做如下处理：

1 号瓶内加入 100 mL 0.12 mol·L^{-1} KCl 溶液；

2 号瓶内加入 100 mL 0.06 mol·L^{-1} $CaCl_2$ 溶液；

3 号瓶内加入 100 mL 0.12 mol·L^{-1} NaCl 溶液；

4 号瓶内加入 100 mL 0.12 mol·L^{-1} NaCl 溶液，2.2 mL 0.12 mol·L^{-1} KCl 溶液；

5 号瓶内加入 100 mL 0.12 mol·L^{-1} NaCl 溶液，1 mL 0.06 mol·L^{-1} $CaCl_2$ 溶液，2.2 mL 0.12 mol·L^{-1} KCl 溶液。

选择 15 株大小一致的玉米幼苗，每瓶插入 5 株，使根部完全浸在溶液中，茎部用棉花包住，以免擦伤。把各处理放在阳光不太强的地方，每天通气 1 次，并补充蒸馏水，使瓶内溶液保特原来的容量。经 1～2 周后，观察记录茎、叶、根生长情况（表 9-1），并简要解释其原因。

表 9-1　植物生长状况记录表　　　　　　　　　　　　　　　　　　cm

烧杯	根的发育		茎长
	根长	有无畸形	
1			
2			
3			
4			
5			

四、注意事项

培养期间注意补充水分,可更换 1 次培养液。

五、思考题

比较玉米幼苗在不同溶液中的生长情况并解释原因。

实验十　原子吸收法测定植物矿质元素钾、钙含量

一、实验目的与原理

1. 目的：植物矿质元素是植物生长所必需的，多数是作为辅酶或辅基的必要成分参与代谢活动。缺乏必需矿质元素，将导致植物代谢紊乱，严重时诱发病症甚至死亡。因此测定植物组织中矿质元素的含量，对研究植物生长发育，提高作物产量和品质以及环境保护等方面有重要作用。本实验旨在掌握原子吸收分光光度计的操作及其原理，熟悉测定钾、钙等矿质元素的方法。

2. 原理：植物组织中的矿质元素均可溶解在一定浓度的硝酸溶液中，因此可用原子吸收分光光度法测定其含量。将植物样品灰化后，用稀硝酸在低温电炉上加热提取，在硝酸温度升高过程中，灰分中各种金属元素会逐渐溶解在硝酸中。然后，用原子吸收分光光度计，采用不同的金属阴极灯即可测出样品中多种金属元素的浓度。

钾和钙是植物中两种重要的必需矿质元素。将植物样品在 550℃ 高温下灼烧灰化，使碳水化合物分解挥发，而钾、钙等矿质元素存留在灰分中，用热 HCl 溶液将灰分中的钾和钙溶解出来后，即可用原子吸收分光光度法测定其含量。

二、实验用品

1. 材料：植物材料。

2. 试剂：

(1) $5.8\ mol \cdot L^{-1}$ HCl 溶液：$11.6\ mol \cdot L^{-1}$ 浓 HCl 与去离子水按 $1:1(V:V)$ 混匀即成。

(2) 0.5% HCl 溶液：5 mL 浓 HCl 用去离子水定容至 1 L。

(3) $1\ mol \cdot L^{-1}$ HCl 溶液。

(4) $500\ mg \cdot L^{-1}$ K 标准母液：准确称取经 105℃ 烘干 5 h 的 KCl 0.953 4 g，用去离子水定容至 1 L。

(5) $500\ mg \cdot L^{-1}$ Ca 标准母液：准确称取经 110℃ 烘干至恒重的 $CaCO_3$ 1.248 5 g 溶解于 $1\ mol \cdot L^{-1}$ HCl 溶液中，赶走 CO_2 后，定容至 1 L。

(6) 3% $LaCl_3$ 溶液：称取 30 g 分析纯 $LaCl_3$ 溶解后用去离子水定容至 1 L。

(7) 0.1% EDTA。

3. 器材：电子天平，高温电炉，搪瓷盘，烘箱，瓷坩埚，容量瓶，洗瓶，漏斗，移液管，原子吸收分光光度计，钾、钙空心阴极灯。

三、实验内容与操作

1. 材料灰化：取植物材料，用自来水洗后再用蒸馏水冲洗一次，吸干水分，放在搪瓷盘中，

于烘箱中 105℃ 条件下烘干。称取烘干样品约 2 g 于瓷坩埚中,用高温电炉加热至 550℃,灼烧 2 h,直至材料成灰白色为止。

2.溶解过滤:在上述植物灰分样品中加入 5 mL 热的 5.8 mol·L⁻¹ HCl 溶液溶解灰分,过滤,滤液收集于 100 mL 容量瓶中。用 0.5% HCl 溶液洗坩埚数次,过滤至 100 mL 容量瓶中,用 0.5% HCl 溶液定容至 100 mL。

3.原子吸收分光光度法测定:

(1)按仪器使用的操作规程,调节原子吸收分光光度计的测定条件。

(2)用标准曲线法测定植物样品中钾和钙的含量。

取 6 个 100 mL 容量瓶编号,分别加入标准 K 母液 0.0、0.2、1.0、2.0、3.0、4.0 mL;标准 Ca 母液 0.0、0.2、0.4、1.0、1.6、2.0 mL;每个容量瓶中均加入 10 mL 3% LaCl₃ 溶液,再用 2% HCl 溶液定容,即配制成钾、钙混合标准溶液。取 10 mL 待测液转入 100 mL 容量瓶,加入 10 mL 3% LaCl₃ 溶液再用 2% HCl 溶液定容。

先用去离子水清洗燃烧器,然后测定 1 号标准液(空白)调 0,再测定 6 号标准液调吸光度 0.90 左右。重新喷洗燃烧器,然后测定 1~6 号标准液、记录吸光度值,绘制标准曲线或求得直线回归方程。

吸取经稀释 10 倍的待测液,测定、记录吸光度值,由标准曲线或回归方程查得 K、Ca 含量。

4.实验结果计算:

$$K \text{ 含量} = \frac{\text{样品中 K 含量}(mg·L^{-1}) \times 100 \times 10}{\text{植物样品干重}(g) \times 10^6} \times 100\%$$

$$Ca \text{ 含量} = \frac{\text{样品中 Ca 含量}(mg·L^{-1}) \times 100 \times 10}{\text{植物样品干重}(g) \times 10^6} \times 100\%$$

四、注意事项

1.按操作规程使用原子吸收分光光度计。

2.灰化时坩埚盖斜盖于坩埚上,要留一小缝。

五、思考题

1.应用原子吸收分光光度法测定植物体灰分元素的技术要点是什么?

2.植物的灰分元素组成与植物的完全溶液培养有何关系?

实验十一 植物叶绿体的分离制备

一、实验目的与原理

1. 目的:制备具有活性的离体叶绿体是研究叶绿体结构功能和光合作用机理的重要技术条件。本实验学习分离制备叶绿体的技术方法。

2. 原理:由于叶绿体具有相对固定的大小、形状和密度,从而决定了在分部离心时其具有特殊的下沉速度。利用叶绿体直径和沉降系数与其他细胞器不同的特点,通过离心机进行分级分离。研磨叶片得到的匀浆,经过滤、离心可制备叶绿体。叶绿体的被膜比较脆弱,分离叶绿体应在等渗的缓冲溶液中,0～4℃温度下进行。叶绿体活力会随着离体时间延长而不断下降,因此,分离工作尽可能在短时间内完成。

二、实验用品

1. 材料:菠菜或其他绿色植物新鲜叶片。

2. 试剂:分离介质含 $0.33\ mol \cdot L^{-1}$ 山梨醇,$50\ mmol \cdot L^{-1}$ Tris-HCl(或 Tricine)pH 7.6,$5\ mmol \cdot L^{-1}$ $MgCl_2$,$10\ mmol \cdot L^{-1}$ NaCl,$2\ mmol \cdot L^{-1}$ EDTA-Na_2,$2\ mmol \cdot L^{-1}$ 异抗坏血酸钠。配法:称 60 g 山梨醇、6.06 g Tris、1 g $MgCl_2 \cdot 6H_2O$、0.6 g NaCl、0.77 g EDTA-Na_2、0.4 g 异抗坏血酸钠,溶解后用 $1\ mol \cdot L^{-1}$ HCl 调 pH 至 7.6,定容至 1 000 mL。

测定介质Ⅰ:含 $0.66\ mol \cdot L^{-1}$ 山梨醇,$2\ mmol \cdot L^{-1}$ $MgCl_2$,$2\ mmol \cdot L^{-1}$ $MnCl_2$,$4\ mmol \cdot L^{-1}$ EDTA-Na_2,$10\ mmol \cdot L^{-1}$ 焦磷酸钠,$100\ mmol \cdot L^{-1}$ Tris-HCl pH 7.6。配法:称 60 g 山梨醇、0.2 g $MgCl_2 \cdot 6H_2O$、0.2 g $MnCl_2 \cdot 4H_2O$、0.75 g EDTA-Na_2、2.23 g $Na_4P_2O_7 \cdot 10H_2O$、6.06 g Tris,溶解后用 $1\ mol \cdot L^{-1}$ HCl 调 pH 至 7.6,定容至 500 mL。

测定介质Ⅱ:将测定介质Ⅰ稀释 1 倍。

分离介质可用:$0.35\ mol \cdot L^{-1}$ NaCl＋$0.01\ mol \cdot L^{-1}$ Tris pH 7.6 缓冲液。

3. 器材:冰箱,离心机,天平,显微镜,pH 计,研钵,量筒,移液管,离心管,脱脂纱布等。分离器皿都须在 0℃下预冷。

三、实验内容与操作

1. 选用生长健壮,最好是连续几个晴天下生长的菠菜叶片,洗净后去除叶柄和中脉。

2. 取冷却的菠菜叶片 10 g,撕碎后放入研钵,研磨时加入 20 mL $0.35\ mol \cdot L^{-1}$ NaCl,2 mL $0.01\ mol \cdot L^{-1}$ Tris 缓冲液(或分离介质)及少量石英砂。手工快速研磨 30～60 s,注意不要用力过猛,也不必研磨过细,以叶片磨成小块时即可,研磨后将匀浆用 4 层新纱布过滤。

3. 将滤液装入预冷过的两个离心管,经天平平衡后,用离心机,以 1 000 $r \cdot min^{-1}$ 离心 2 min,弃沉淀。

4.上清液在 3 000 r·min^{-1} 离心 5 min,弃去上清液,沉淀即为叶绿体。

5.将沉淀分成两份,分别用 0.35 mol·L^{-1} NaCl 溶液和 0.035 mol·L^{-1} NaCl 溶液各 10 mL 悬浮,使叶绿体分别处于等渗溶液、低渗溶液中,即得到完整叶绿体和破碎叶绿体。

6.用滴管吸取少量完整叶绿体或破碎叶绿体悬浮液,加少量测定介质 Ⅱ 稀释,置显微镜(400～600 倍)下,观察叶绿体的形态。

四、注意事项

1.叶片研磨时速度要快,迅速离心。

2.制备叶绿体悬液时,加入悬浮介质速度要缓慢,以便保持叶绿体的完整度。

五、思考题

分离制备叶绿体时,可从哪些技术方面保证叶绿体的完整性?

实验十二　　希尔反应的观察与测定

一、实验目的与原理

1. 目的:希尔反应(Hill reaction)是绿色植物的离体叶绿体在光下分解水,放出氧气,同时还原电子受体的反应,是光合作用反应中的重要现象。本实验的目的是通过希尔反应的观察与测定,了解光合作用在叶绿体中进行的光还原作用。

2. 原理:希尔反应是指离体叶绿体悬液,在光下释放氧气,同时还原所加入的氧化剂或电子受体(高铁盐)的过程,

$$4Fe^{3+} + 2H_2O \xrightarrow[\text{叶绿体}]{\text{光}} 4Fe^{2+} + 4H^+ + O_2$$

氧化剂 2,6-二氯酚靛酚是一种蓝色染料,接受希尔反应的电子和 H^+ 后被还原成无色,可以直接观察颜色的变化,也可用分光光度计对还原量进行精确测定,测定反应前后染料吸光度 A 的变化,反应变化在 4~5 min 内呈线性关系。

氧化型二氯靛酚　　　　　　　　　还原型二氯靛酚
（蓝色）　　　　　　　　　　　　　（无色）

二、实验用品

1. 材料:叶绿体悬液。

2. 试剂:$0.3 \text{ mmol} \cdot \text{L}^{-1}$ 2,6-二氯酚吲哚酚钠(称取 8.7 mg 二氯酚吲哚酚钠,加蒸馏水定容至 100 mL),$0.1 \text{ mol} \cdot \text{L}^{-1}$ 磷酸缓冲液(pH 7.3),石英砂。

3. 器材:试管,试管架,水浴锅,移液管。

三、实验内容与操作

1. 加样:取干净试管 6 支,分为两组,并分别编成 1、2、3 号,然后按表 12-1 加入试剂。

表 12-1 希尔反应测定配制表

类别	管号	0.1 mol·L⁻¹ 磷酸缓冲液/mL（pH 7.3）	叶绿体悬液/mL	煮沸/min	0.3 mmol·L⁻¹ 二氯酚吲哚酚钠/mL
完整叶绿体	1	9.4	0.1	—	0.5
	2	9.4	0.1	5	0.5
	3	9.9	0.1	—	—
破碎叶绿体	1	9.4	0.1	—	0.5
	2	9.4	0.1	5	0.5
	3	9.9	0.1	—	—

注：1. 叶绿体悬液为前一实验制备。

2. 2 号管加叶绿体悬液后于沸水浴上煮 5 min，然后用蒸馏水补足蒸发的水分。

3. 3 号管为调零点的对照。

4. 各试管都在最后加二氯酚吲哚酚钠，且加入后立即摇匀比色，以代表作用时间为 0。各管在加染料之前保存在冰浴中。

2. 比色：当加入染料后立即摇匀倒入相应的比色杯中，迅速测定吸光度，波长为 620 nm，此即代表 0 min 时的吸光度。然后将比色杯置于离 150 W 灯光约 60 cm 处照光，每隔 1 min 快速读下吸光度的变化，连续进行五六次读数，严格控制照光时间。

3. 将结果以每分钟 A_{620} 的变化量（$\Delta A_{620} \cdot min^{-1}$）为纵坐标，以时间（min）为横坐标作图。

四、注意事项

1. 加叶绿体悬液在沸水浴上煮的时候，需用蒸馏水补足蒸发的水分。

2. 加入染料后要立即摇匀并迅速测定吸光度。

3. 配制 0.3 mmol·L⁻¹ 2,6-二氯酚吲哚酚钠时，如药品纯度低，可适当提高浓度。

五、思考题

1. 试管中蓝色褪色的原因是什么？与光照有什么关系？

2. 比较完整叶绿体和叶绿体碎片所得结果有无不同，简述经煮沸过的叶绿体对染料的还原作用有何影响。

实验十三　叶绿体色素的提取、分离和理化性质

一、实验目的与原理

1.目的:叶绿体色素有吸收、传递和转化光能的作用,提取与分离叶绿体色素是研究光合色素特性的第一步,学习与了解这些光合色素的性质有助于认识和探究其在光合作用中的功能,通过本实验掌握叶绿体色素的提取分离方法及叶绿素的一些理化性质。

2.原理:叶绿体色素主要由叶绿素 a、叶绿素 b、胡萝卜素和叶黄素组成。它们与类囊体膜相结合成为色素蛋白复合体。这两类色素都不溶于水,而溶于有机溶剂,故可用乙醇、丙酮等有机溶剂提取。提取液可用色谱分析的原理加以分离。因吸附剂对不同物质的吸附力不同,当用适当的溶剂推动时,混合物中各种成分在两相(固定相和流动相)间具有不同的分配系数,所以移动速度不同,经过一定时间后,可将各种色素分开。叶绿素与类胡萝卜素都具有特异的吸收光谱,可用分光光度计精确测定。

叶绿素荧光现象:当叶绿素分子吸收光量子而转变成激发态时,分子很不稳定,当它变回到基态时发射出红光量子,称为荧光现象。所以,透射光下观察浓叶绿体色素提取液呈绿色,反射光观察浓叶绿体色素提取液呈红色。

叶绿素是一种二羧酸——叶绿酸与甲醇和叶绿醇形成的复杂酯,因而可与碱发生皂化作用,产生的盐可溶于水中,利用此法可将叶绿素与类胡萝卜素分开。

$$C_{32}H_{30}ON_4Mg \begin{matrix} COOCH_3 \\ \\ COOC_{20}H_{39} \end{matrix} + 2KOH \longrightarrow$$

$$C_{32}H_{30}ON_4Mg \begin{matrix} COOK \\ \\ COOK \end{matrix} + CH_3OH + C_{20}H_{39}OH$$

叶绿素分子中的镁可被 H^+ 所取代而形成褐色的去镁叶绿素。后者遇铜形成的绿色的铜代叶绿素很稳定,在光下不易被破坏,故常用此法制作标本;叶绿素分子的化学性质也很不稳定,易受强光破坏,特别是当叶绿素与蛋白质分离后,破坏更快。

二、实验用品

1.材料:新鲜植物叶片。

2.试剂:95%乙醇(或丙酮);碳酸钙;石英砂;汽油(纯净无色的);苯;醋酸铜粉末;50%醋酸;KOH 甲醇溶液:20 g KOH 用 100 mL 甲醇溶解,盛在具塞的试剂瓶中;醋酸铜-醋酸溶液:量取 50%醋酸 100 mL 溶入醋酸铜 6 g,用时加蒸馏水稀释 4 倍。

3. 器材:天平,剪刀,研钵,漏斗,培养皿 1 套(底和盖直径相同),蒸发皿,滤纸条(2 cm × 5 cm 左右),圆形滤纸,蒸发皿,电热吹风机,小烧杯,试管,酒精灯,铁三脚架,石棉网,移液管,滴管,玻璃棒。

三、实验内容与操作

1. 叶绿体色素的提取和荧光现象的观察:称取菠菜或其他植物新鲜叶片 2～3 g,去掉中脉剪碎,放入研钵中,加入少量石英砂及碳酸钙粉,加 5 mL 95％乙醇,研磨成匀浆,再加 5 mL 95％乙醇,提取 3～5 min,过滤于试管中,再用 3 mL 95％乙醇冲洗残渣。对浓叶绿体色素提取液观察透射光和反射光的颜色,解释其原因。

2. 叶绿体色素的分离:

(1)取一张圆形滤纸(最好用色谱层析滤纸剪成圆形)。在滤纸的圆心戳一圆形小孔,另取一张滤纸条(2 cm × 5 cm 左右,纸条的宽度主要根据培养皿的高度确定)。用滴管吸取浓叶绿素提取液滴在纸条的一边,使色素扩展的宽度限制在 0.5 cm 以内,用电热吹风机吹干后,再重复操作数次,然后将纸沿着长度的方向卷成纸捻,这样浸过叶绿体色素的一边恰在纸捻的一端。

(2)将纸捻带有色素的一端插入圆形滤纸的小孔中,与滤纸刚刚平齐(勿突出)。

(3)在培养皿中放蒸发皿,蒸发皿内加入适量汽油和 2～3 滴苯,将插有纸捻的圆形滤纸平放在培养皿上,使滤纸的下端(无色素的一端)浸入汽油中,迅速用同一直径的培养皿盖上。此时,叶绿体色素在推动剂的推动下沿着滤纸向四周移动,不久即可看到被分离的各种色素的同心圆环。

(4)待汽油将要到达滤纸边缘时,取出滤纸,待汽油挥发后,用铅笔标出各种色素的位置和名称。

3. 叶绿体色素的其他理化性质:将 1 中提取的叶绿体色素溶液用 95％乙醇稀释 1 倍,进行以下实验。

(1)皂化作用(叶绿素与类胡萝卜素的分离):用移液管吸取叶绿体色素提取液 5 mL 于试管中,加入 1.5 mL 20％氢氧化钾甲醇溶液,充分摇匀。片刻后,加入 5 mL 苯,摇匀,再沿试管壁慢慢加入 1.5 mL 蒸馏水,轻轻混匀(不要剧烈摇荡),静置在试管架上,可看到溶液逐渐分为两层,下层是稀乙醇的溶液,其中溶有皂化叶绿素 a 和叶绿素 b,上层是苯溶液,其中溶有胡萝卜素和叶黄素。

(2)H^+ 和 Cu^{2+} 对叶绿素分子中 Mg^{2+} 的取代作用:

①取 2 支试管,第一支试管加叶绿体色素提取液 2 mL,作为对照。第二支试管中加叶绿体色素提取液 5 mL,再加入数滴 50％醋酸,摇匀,观察溶液的颜色变化。

②当溶液变褐色后,倒出一半于另一试管中,加入醋酸铜粉末少许,于酒精灯上微微加热,观察溶液的颜色变化,与未加醋酸铜的一半相比较。

③另取醋酸铜溶液 20 mL 左右,加入烧杯中。取新鲜植物叶片 2 片,放入溶液中,用酒精灯缓缓加热,观察并记录叶片的颜色变化,直至颜色不再变化为止。解释原因。

(3)光对叶绿素的破坏作用:

①取 4 支小试管,其中两支各加入 5 mL 用水研磨的叶片匀浆,另外两支各加入 2.5 mL 叶绿体色素乙醇提取液,并用 95％乙醇稀释 1 倍。

②取 1 支装有叶绿体色素乙醇提取液的试管和 1 支装有水研磨叶片匀浆的试管,放在直射光下,另外两支放到暗处,40 min 后对比观察颜色有何变化,解释其原因。

③另取本实验中用圆形滤纸层析分离成的色谱一张,通过圆心裁成两半,一半放在直射日光下,另一半放在暗处,半小时后比较两张色谱上的 4 种色素的颜色各有何变化。

四、注意事项

1. 在低温下发生皂化反应的叶绿体色素溶液,易乳化而出现白色絮状物,溶液浑浊,且不分层。可剧烈摇匀,放在 30～40℃ 的水浴中加热,溶液很快分层,絮状物消失,溶液变得清澈透明。

2. 分离色素用的圆形滤纸,在中心打的小圆孔,周围必须整齐,否则分离的色素不是一个同心圆。

五、思考题

1. 用不含水的有机溶剂如无水乙醇、无水丙酮等提取植物材料特别是干材料的叶绿体色素往往效果不佳,原因何在?

2. 研磨提取叶绿素时加入 $CaCO_3$ 有什么作用?

实验十四　　叶绿体色素的定量测定

一、实验目的与原理

1. 目的：植物叶绿体色素含量直接影响植物的光合作用和作物产量，还与植物水分与矿质营养的供应、逆境条件和植物衰老密切相关。叶绿体含量也是反映叶片的生长、发育情况的重要生理指标。本实验学习并掌握叶绿体色素的定量测定方法。

2. 原理：根据叶绿体色素提取液对可见光谱的吸收，利用分光光度计在某一特定波长下测定其消光度，即可用公式计算出提取液中各色素的含量。

根据朗伯-比尔定律，某有色溶液的吸光度 A 与其中溶质浓度 c 和液层厚度 L 成正比，即：

$$A = kcL \tag{14-1}$$

式中：A—消光度；

　　　c—溶质浓度；

　　　L—液层厚度；

　　　k—比例常数。

当溶液浓度以百分浓度为单位，液层厚度为 1 cm 时，k 为该物质的比吸收系数。各种有色物质溶液在不同波长下的比吸收系数，可测定已知浓度的纯物质在不同波长下的消光度而求得。

如果溶液中有数种吸光物质，则此混合液在某一波长下的总消光度等于各组分在相应波长下消光度的总和，这就是消光度的加和性。测定叶绿体色素混合提取液中叶绿素 a、叶绿素 b 和类胡萝卜素的含量，只需测定该提取液在 3 个特定波长下的吸光度 A，并根据叶绿素 a、叶绿素 b 及类胡萝卜素在该波长下的比吸收系数即可求出其浓度。在测定叶绿素 a、叶绿素 b 时，为了排除类胡萝卜素的干扰，所用单色光的波长选择叶绿素在红光区的最大吸收峰。

已知叶绿素 a、叶绿素 b 的 80% 丙酮提取液在红光区的最大吸收峰分别为 663 nm 和 645 nm，又知在波长 663 nm 下，叶绿素 a、叶绿素 b 在该溶液中的比吸收系数分别为 82.04 和 9.27，在波长 645 nm 下分别为 16.75 和 45.60，可根据加和性原则列出以下关系式：

$$A_{663} = 82.04c_a + 9.27c_b \tag{14-2}$$

$$A_{645} = 16.75c_a + 45.60c_b \tag{14-3}$$

式中：A_{663}、A_{645}—叶绿素溶液在波长 663 nm 和 645 nm 时的消光度；

　　　c_a、c_b—叶绿素 a 和叶绿素 b 的浓度，mg·L^{-1}。

解方程组(14-2)、(14-3)得：

$$c_a = 12.72A_{663} - 2.59A_{645} \tag{14-4}$$

$$c_b = 22.88A_{645} - 4.67A_{663} \tag{14-5}$$

将 c_a 与 c_b 相加即得叶绿素总量 c_T

$$c_T = c_a + c_b = 20.29A_{645} + 8.05A_{663} \tag{14-6}$$

另外，由于叶绿素 a、叶绿素 b 在 652 nm 的吸收峰相交，两者有相同的比吸收系数(均为 34.5)，也可以在此波长下测定一次消光度(A_{652})而求出叶绿素 a、叶绿素 b 总量：

$$c_T = (A_{652} \times 1\,000)/34.5 \tag{14-7}$$

在有叶绿素存在的条件下，用分光光度法可同时测定出溶液中类胡萝卜素的含量。Lichten-thaler 等对 Arnon 法进行了修正，提出了 80% 丙酮提取液中 3 种色素含量的计算公式：

$$c_a = 12.21A_{663} - 2.81A_{646} \tag{14-8}$$

$$c_b = 20.13A_{646} - 5.03A_{663} \tag{14-9}$$

$$c_{x \cdot c} = (1\,000A_{470} - 3.27c_a - 104c_b)/229 \tag{14-10}$$

式中：c_a、c_b——叶绿素 a、b 的浓度；

$c_{x \cdot c}$——类胡萝卜素的总浓度；

A_{663}、A_{646} 和 A_{470}——叶绿体色素提取液在波长 663 nm、646 nm 和 470 nm 下的消光度。

由于叶绿体色素在不同溶剂中的吸收光谱有差异，因此，在使用其他溶剂提取色素时，计算公式也有所不同。叶绿素 a、叶绿素 b 在 95% 乙醇中最大吸收峰的波长分别为 665 nm 和 649 nm，类胡萝卜素为 470 nm，可据此列出以下关系式：

$$c_a = 13.95A_{665} - 6.88A_{649} \tag{14-11}$$

$$c_b = 24.96A_{649} - 7.32A_{665} \tag{14-12}$$

$$c_{x \cdot c} = (1\,000A_{470} - 2.05c_a - 114.8c_b)/245 \tag{14-13}$$

二、实验用品

1. 材料：新鲜植物叶片或其他绿色组织或干材料。

2. 试剂：95% 乙醇(或 80% 丙酮)，石英砂，碳酸钙粉。

3. 器材：分光光度计，研钵，剪刀，玻璃棒，棕色容量瓶，小漏斗，定量滤纸，吸水纸，擦镜纸，滴管，电子天平。

三、实验内容与操作

1. 取新鲜植物叶片(或其他绿色组织)或干材料，擦净组织表面污物，剪碎(去掉中脉)，混匀。

2. 称取剪碎的新鲜样品 0.2 g，放入研钵中，加少量石英砂和碳酸钙及 2～3 mL 95% 乙醇(或 80% 丙酮)研成匀浆，再加乙醇 10 mL，继续研磨至组织变白，静置 3～5 min。

3. 取滤纸 1 张,置于漏斗中,用乙醇湿润,沿玻璃棒将提取液倒入漏斗中,过滤到 25 mL 棕色容量瓶中,用少量乙醇冲洗研钵、研棒及残渣数次,最后连同残渣一起倒入漏斗中。

4. 用滴管吸取乙醇,将滤纸上的叶绿体色素全部洗入容量瓶中。直至滤纸和残渣中无绿色为止。最后用乙醇定容至 25 mL,摇匀。

5. 把叶绿体色素提取液倒入比色杯内。以 95% 乙醇为空白,在波长 665 nm、649 nm 和 470 nm 下测定吸光度。

6. 按公式(14-11)、(14-12)、(14-13)[如用 80% 丙酮,则按公式(14-8)、(14-9)、(14-10)]分别计算叶绿素 a、叶绿素 b 和类胡萝卜素的浓度($mg \cdot L^{-1}$),公式(14-11)、(14-12)计算结果相加即得叶绿素总浓度。

7. 求得色素的浓度后,测定结果记入表 14-1。再按下式计算组织中各色素的含量[用每克鲜重或干重叶片的叶绿素含量(mg)表示]。

$$叶绿体色素含量(mg \cdot g^{-1}) = \frac{色素浓度(mg \cdot L^{-1}) \times 提取液体积(mL) \times 稀释倍数}{样品鲜重(或干重)(g)}$$

表 14-1　叶绿体色素含量记录表

处理重复	光密度			色素浓度/($mg \cdot L^{-1}$)				组织中各色素含量/($mg \cdot g^{-1}$)			
	A_{665}	A_{649}	A_{470}	a	b	a+b	x·c	a	b	a+b	x·c
1											
2											
3											
平均值(X)											
1											
2											
3											
平均值(X)											

四、注意事项

1. 为了避免叶绿素的光分解,操作时应在弱光下进行,研磨时间应尽量短些。

2. 叶绿体色素提取液不能浑浊。可在 710 nm 或 750 nm 波长下测定消光度,其值应小于当波长为叶绿素 a 吸收峰时消光度值的 5%,否则应重新过滤。

3. 用分光光度计法测定叶绿素含量,对分光光度计的波长精确度要求较高。如果波长与原吸收峰波长相差 1 nm,则叶绿素 a 的测定误差为 2%,叶绿素 b 为 19%,使用前必须对分光光度计的波长进行校正。校正方法除按仪器说明书外,还应以纯的叶绿素 a 和叶绿素 b 来校正。

五、思考题

1. 叶绿素 a、叶绿素 b 在蓝光区也有吸收峰,能否用这一吸收峰波长进行叶绿素 a、叶绿素 b 的定量测定？为什么？

2.为什么提取叶绿素时干材料一定要用 80% 的丙酮,而新鲜的材料可以用无水丙酮提取？

3.在进行批量样品测定时,由于提取叶绿素的研磨时间太长,能否有什么更好的方法提取叶绿素？

实验十五　核酮糖-1，5-二磷酸羧化酶/加氧酶活性的测定

一、实验目的与原理

1. 目的：核酮糖-1,5-二磷酸羧化酶/加氧酶（Rubisco）是光合作用的重要调节酶,具有双重作用。一是在 Calvin 循环中催化 CO_2 的固定,二是能催化将 O_2 加在核酮糖-1,5-二磷酸上。其活性是反映植物叶片生长状态、发育程度以及光合碳同化能力的重要生理指标。在植物衰老或遭受逆境时,酶活性呈下降趋势。本实验了解其在光合作用中的作用,并熟悉 Rubisco 活性测定方法

2. 原理：核酮糖-1,5-二磷酸羧化酶催化 1 分子的核酮糖-1,5-二磷酸（RuBP）与 1 分子的 CO_2 结合,产生 2 分子的 3-磷酸甘油酸（PGA）,PGA 可通过 3-磷酸甘油酸激酶和甘油醛-3-磷酸脱氢酶的作用,产生甘油醛-3-磷酸,并使 NADH 氧化,其反应如下：

$$RuBP + CO_2 + H_2O \xrightarrow[Mg^{2+}]{RuBPC_{ase}} 2PGA$$

$$PGA + ATP \xrightarrow{3\text{-磷酸甘油酸激酶}} 甘油酸\text{-}1,3\text{-二磷酸} + ADP$$

$$甘油酸\text{-}1,3\text{-二磷酸} + NADH + H^+ \xrightarrow{甘油醛\text{-}3\text{-磷酸脱氢酶}}$$
$$甘油醛\text{-}3\text{-磷酸} + NAD^+ + Pi$$

由上式可知 1 分子 CO_2 被固定,就有 2 分子 NADH 被氧化。因此,根据 NADH 氧化的量就可计算核酮糖-1,5-二磷酸羧化酶的活性,而由 340 nm 吸光度的变化可计算 NADH 氧化的量。为了使 NADH 的氧化与 CO_2 的固定同步,从而需要加入磷酸肌酸（Cr～P）和磷酸肌酸激酶的 ATP 再生系统。

$$ADP + Cr\text{～}P \xrightarrow{磷酸肌酸激酶} ATP + Cr$$

核酮糖-1,5-二磷酸加氧酶催化将 O_2 加在核酮糖-1,5-二磷酸（RuBP）的 C-2 位置上,生成 1 分子的磷酸乙醇酸和 3-磷酸甘油酸。Rubisco 加氧反应是典型的单加氧反应,将 CO_2 的 2 个氧原子掺入 H_2O 和磷酸乙醇酸中,因而加氧酶的活性可用氧电极法以氧的消耗来确定。另外,RuBP 在有 Mn^{2+} 离子参与的酶的加氧反应中首先被烯醇化,这时 RuBP 的 C-2 位置被调整为 1 个负碳离子,当与分子氧反应后形成过氧化离子,然后电子又从氧回到烯醇化的 RuBP 再生成负碳离子并产生单线态氧,而这单线态氧可以利用发光光度计来检测。发光光度计法测定加氧酶活性比氧电极法灵敏度高 70 倍。但如果要测定 Rubisco 的加氧活性的绝对值,则要用氧电极法先行标定。

二、实验用品

1. 材料：菠菜、小麦及水稻等植物叶片。

2. 试剂:5 mmol·L^{-1} NADH;25 mmol·L^{-1} RuBP;0.2 mol·L^{-1} NaHCO$_3$。

提取介质:40 mmol·L^{-1} Tris-HCl 缓冲液(pH 7.6),内含 10 mmol·L^{-1} MgCl$_2$、0.25 mmol·L^{-1} EDTA、5 mmol·L^{-1} 谷胱甘肽。

反应介质:100 mmol·L^{-1} Tris-HCl 缓冲液(pH 7.8),内含 12 mmol·L^{-1} MgCl$_2$ 和 0.4 mmol·L^{-1} EDTA-Na$_2$;160 U·mL^{-1} 磷酸肌酸激酶溶液;160 U·mL^{-1} 甘油醛-3-磷酸脱氢酶溶液;50 mmol·L^{-1} ATP;50 mmol·L^{-1} 磷酸肌酸;160 U·mL^{-1} 磷酸甘油酸激酶溶液。

提取缓冲液:100 mmol·L^{-1} Tris-HCl(pH 7.8);1 mmol·L^{-1} EDTA;20 mmol·L^{-1} KCl。

重悬缓冲液:25 mmol·L^{-1} Tris-HCl(pH 7.8);1 mmol·L^{-1} EDTA;5 mmol·L^{-1} 巯基乙醇;20 mmol·L^{-1} KCl。

氧电极法反应液:100 mmol·L^{-1} Tris-HCl(pH 8.2);0.4 mmol·L^{-1} EDTA;20 mmol·L^{-1} MgCl$_2$。

发光光度计法反应液:50 mmol·L^{-1} Tris-HCl(pH 8.0);1.0 mmol·L^{-1} MnCl$_2$;1.0 mmol·L^{-1} NaHCO$_3$。

亚硫酸钠;0.1 mmol·L^{-1} 二硫苏糖醇(DTT);硫酸铵;NaCl;10 mmol·L^{-1} RuBP 储存液(pH 6.5)。

3. 器材:紫外分光光度计,冷冻离心机,组织捣碎机,移液管,秒表,氧电极测氧装置,FG-300 型发光光度计等。

三、实验内容与操作

(一)核酮糖-1,5-二磷酸羧化酶/加氧酶羧化活性的测定

1. 酶粗提液的制备:取新鲜菠菜叶片 10 g,洗净擦干,放匀浆器中,加入 10 mL 预冷的提取介质,高速匀浆 30 s,停 30 s,交替进行 3 次;匀浆经 4 层纱布过滤,滤液于 20 000 g 4℃下离心 15 min,弃沉淀;上清液即酶粗提液,置 0℃保存备用。

2. RuBPCase 活力测定:按表 15-1 配制酶反应体系。

表 15-1　各溶剂含量及配制　　　　　　　　　　　　　　mL

试剂	加入量	试剂	加入量
5 mmol·L^{-1} NADH	0.2	反应介质	1.4
50 mmol·L^{-1} ATP	0.3	160 U·mL^{-1} 磷酸肌酸激酶	0.1
提取介质	0.1	160 U·mL^{-1} 磷酸甘油酸激酶	0.1
50 mmol·L^{-1} 磷酸肌酸	0.2	160 U·mL^{-1} 甘油醛-3-磷酸脱氢酶	0.1
0.2 mol·L^{-1} NaHCO$_3$	0.2	蒸馏水	0.3

3. 将配制好的反应体系摇匀,倒入比色杯内,以蒸馏水为空白,在紫外分光光度计上 340 nm 处反应体系的吸光度作为零点值。将 0.1 mL RuBP 加入比色杯内,并马上计时,每隔 30 s 测 1 次吸光度,共测 3 min。以零点到第一分钟内吸光度下降的绝对值计算酶活力。

由于酶提取介质中可能存在 PGA,会使酶活力测定产生误差,因此除上述测定外,还需做一个不加 RuBP 的对照。对照的反应体系与上述酶反应体系完全相同,不同之处只是把酶提取介质放在最后添加,添加后马上测定此反应体系在 340 nm 处的吸光度,并记录前一分钟内吸光度的变化量,计算酶活力时应减去这一变化量。

4.结果计算

$$\text{Rubisco 羧化活力}[\mu mol \cdot (mL \cdot min)^{-1}] = \frac{\Delta A \times N \times 10}{6.22 \times 2 \times d \times \Delta t}$$

式中:ΔA——反应最初 1 min 内 340 nm 处吸光度变化的绝对值(减去对照液最初 1 min 的变化量);

　　N——稀释倍数;

　　6.22——每微摩尔 NADH 在 340 nm 处的吸光系数;

　　2——表示每固定 1 mol CO_2 有 2 mol NADH 被氧化;

　　Δt——测定时间 1 min;

　　d——比色皿光程,cm。

(二)核酮糖-1,5-二磷酸羧化酶/加氧酶加氧活性的测定

1.Rubisco 的提取及纯化:取 5~7 g 叶片加入 10 mL 预冷到 4℃ 的提取缓冲液,匀浆,15 000 g 离心 10 min,取上清液备用。

将上述得到的粗提液用 40% 饱和度的硫酸铵进行分步沉淀,冷冻离心 20 min(4℃,8 000 g)。然后取上清液,加 70% 的饱和度硫酸铵,冷冻离心 20 min(4℃,10 000 g)后取沉淀,用少量重悬缓冲液溶解,再经 Sephadex G-25 脱盐后上 DEAE(DE 52)柱,用含 $0.0\sim0.5$ mmol $\cdot$ L^{-1} NaCl 的重悬缓冲液进行梯度洗脱,分步收集 $0.20\sim0.25$ mmol $\cdot$ L^{-1} NaCl。70% 硫酸铵沉淀,于 -20℃ 保存,待测活性前以 8 mg $\cdot$ mL^{-1} 溶于重悬缓冲液中备用。

2.氧电极测定法测定 Rubisco 加氧酶活力:将 2 mL 氧电极法反应液,在大气中搅拌10 min,使溶液中的溶解氧与大气平衡。然后把电极放在反应室上,调节测氧仪的灵敏度旋钮,使记录仪至满刻度,再加入 0.1 mL 饱和的亚硫酸钠,除尽水中的氧,指针退回到接近 0点,根据指针退回的格数和 25℃ 水的溶解氧量,就可以计算出每格记录纸所代表的溶氧量。25℃ 时的水溶氧量为 0.26 $\mu mol \cdot$ mL^{-1}。每格记录纸代表的溶氧量计算如下:

$$N(\mu mol\, O_2/1\text{格记录纸}) = 0.26\ \mu mol\ O_2 \cdot mL^{-1} \times \frac{\text{反应液体积}(mL)}{\text{指针退回的格数}}$$

将 2 mL 空气饱和的溶液加入反应室,加入 0.1 mL 酶液(8 mg $\cdot$ mL^{-1}),在 25℃ 保温10 min 后,装好电极,记录由 DTT 氧化所消耗氧的空白速度,最后加入 0.01 mL RuBP 储存液开始反应,记录反应速度,反应速度以每分钟多少格子记录纸来表示。加氧酶的活力就可通过以下公式计算:

$$\begin{array}{c}\text{Rubisco 加氧活力}\\ (\mu mol\,O_2 \cdot mg^{-1}\ protein \cdot min^{-1})\end{array} = \frac{N \times (\text{加酶后的反应速度} - \text{空白速度})}{\text{酶的总量}(mg)}$$

3.发光光度计法测定 Rubisco 加氧酶活力:先在比色杯中加入 25 μL RuBP 储存液,放入发光光度计反应暗室中,然后将 1.4 mL 发光光度计法反应液中加有 10 μL 酶液的混合液在 25℃保温 10 min,然后注入比色杯开始反应,自动记录发光曲线。发光强度以峰高来表示(mm)。

四、注意事项

1. 提取 Rubisco 应在冰浴条件下进行。

2. RuBP 很不稳定,特别在碱性环境下,因而应在 pH 5.0~6.5 之间于 -20℃ 保存,最好现配现用。

五、思考题

1. Rubisco 在光合作用中的生物学意义是什么?

2. 为什么加入 ATP 再生系统就可使 NADH 氧化与 CO_2 的固定同步?

3. 比较氧电极法与发光光度计法测定 Rubisco 加氧活性的结果。

磷酸烯醇式丙酮酸羧化酶活性的测定

一、实验目的与原理

1. 目的：了解磷酸烯醇式丙酮酸（PEP）羧化酶的功能，熟悉酶偶联法测定 PEP 羧化酶活性的方法。

2. 原理：PEP 羧化酶是 C_4 植物和 CAM 植物固定 CO_2 的关键酶。在 Mg^{2+} 存在下，PEP 羧化酶可催化 PEP 与 HCO_3^- 形成草酰乙酸（OAA），后者在苹果酸脱氢酶（MDH）催化下，可被 NADH 还原为苹果酸（Mal）。其反应如下：

$$PEP + HCO_3^- \xrightarrow{\text{PEP 羧化酶}} OAA + Pi$$

$$OAA + NADH \xrightarrow{\text{MDH}} Mal + NAD^+$$

通过在 340 nm 处测定反应体系吸光度的变化，计算出 NADH 的消耗速率，进一步推算出 PEP 羧化酶的活性。

二、实验用品

1. 材料：玉米、高粱等 C_4 植物的叶片。

2. 试剂。提取缓冲液：$0.1\ mol \cdot L^{-1}$ Tris-H_2SO_4 缓冲液（pH 7.4），内含 $7\ mmol \cdot L^{-1}$ 巯基乙醇、$1\ mmol \cdot L^{-1}$ EDTA、5%甘油；

平衡缓冲液：$10\ mol \cdot L^{-1}$ Tris-H_2SO_4 缓冲液（pH 8.2），内含 $0.2\ mmol \cdot L^{-1}$ EDTA、$0.2\ mol \cdot L^{-1}$ DTT（二硫苏糖醇）、5%甘油；

反应缓冲液：$0.1\ mol \cdot L^{-1}$ Tris-H_2SO_4 缓冲液（pH 9.2），内含 $0.1\ mol \cdot L^{-1}$ $MgCl_2$；

反应试剂：$100\ mmol \cdot L^{-1}$ $NaHCO_3$、$40\ mmol \cdot L^{-1}$ PEP、$1\ mg \cdot mL^{-1}$ NADH（pH 8.9）、苹果酸脱氢酶（MDH）。

3. 器材：紫外分光光度计，冷冻离心机，组织捣碎机，Sephadex G-25 柱（2 cm×45 cm），DEAE（二乙氨乙基）-纤维素（DE-52，1 cm×30 cm）柱，紫外监测仪，部分收集器，蠕动泵。

三、实验内容与操作

1. 粗酶液提取：将叶片洗净并吸去水分，去掉中脉，称取 20 g，放入冰箱中过夜，次日剪碎后放入组织捣碎机中，加入提取缓冲液（已预冷）80 mL，20 000 r/min 匀浆 2 min（运行 30 s、间歇 10 s，反复匀浆），用 4 层纱布过滤，取滤液于高速冷冻离心机上 15 000 g 离心 10 min，上清液即为 PEP 羧化酶的粗酶提取液。

2.酶的纯化。

(1)硫酸铵分步沉淀:将上述粗酶液装入烧杯,于搅拌器上搅拌,缓慢加入固体硫酸铵粉末达到35％饱和度,在冰箱中静置 1 h,于 15 000 g 下离心 10 min。取上清液再缓慢加入固体硫酸铵粉末达到55％饱和度,冰箱静置 1 h,再于 15 000 g 下离心 10 min,弃上清液,沉淀用平衡缓冲液 8 mL 复溶。

(2)Sephadex G-25 柱层析:先用平衡缓冲液平衡 Sephadex G-25 柱(2 cm×45 cm)。将上述复溶溶液上柱,压样 2 次,用平衡缓冲液洗脱,洗脱速度为 50 mL·h^{-1},通过检测仪,收集有酶活性的部分,于 15 000 g 下离心 10 min,上清液即为 PEP 羧化酶的部分纯化酶液。

(3)DEAE-纤维素柱层析:把转型的 DEAE-52 装入 1 cm×30 cm 的层析柱,用平衡缓冲液平衡 2 h,将上述已部分纯化的酶液上 DEAE-52 柱,压样 2 次,用平衡缓冲液洗脱,通过紫外检测仪后收集。再用平衡缓冲液配制 0～0.6 mol·L^{-1} NaCl 溶液进行连续性梯度洗脱(速度为 30 mL·h^{-1}),收集有酶活性的部分即为纯化的 PEP 羧化酶,用于酶活的测定。

3.酶活测定:取试管 1 支,依次加入 1.0 mL 反应缓冲液,0.1 mL 40 mmol·L^{-1} PEP,0.1 mL 1 mg·mL^{-1} NADH(pH 8.9),0.1 mL 苹果酸脱氢酶和 0.1 mL PEP 羧化酶(已纯化的提取液),1.5 mL 蒸馏水,在所测温度(如 30℃)下恒温水浴保温 10 min,在 340 nm 下测定吸光度值 $A_{340}(A_0)$;然后加入 0.1 mL 100 mmol·L^{-1} NaHCO$_3$ 启动反应,立即计时,每隔 30 s 测定一次吸光度值(A_1),记录其变化。

4.实验结果

$$PEP\ 羧化酶活性(\mu mol·mL^{-1}·min^{-1}) = \frac{\Delta A \times m \times V}{L \times a \times 0.1}$$

式中:V—测定混合液总体积,3 mL;

　　　L—比色杯光程,cm;

　　　0.1—反应混合液中酶液用量,mL;

　　　m—酶液稀释倍数;

　　　$\Delta A = A_0 - A_1$;

　　　a—NADH 于 340 nm 处的摩尔消光系数(6.22×10^3 mol^{-1}·cm^{-1})。

四、注意事项

1.酶提取过程应在 0～4℃下进行。

2.测定时的酶液用量需事先试验,苹果酸脱氢酶的用量视 PEP 羧化酶活性大小而定,也可事先通过实验确定最佳用量。

五、思考题

哪些因素可能影响该实验的测定结果?

实验十七　改良半叶法测定叶片光合速率

一、实验目的与原理

1. 目的:光合作用是绿色植物吸收光能将 CO_2 和 H_2O 化合成为有机物并释放 O_2 的过程。光合速率是反映植物生理性状的一个重要指标,也是估测植物光合生产能力的主要依据,光合速率可从 CO_2 的吸收、O_2 释放或干物质(有机物质)的增加来进行测定。本实验学习改良半叶法测定叶片光合速率的原理及过程。

2. 原理:植物进行光合作用形成有机物,而有机物的积累可使叶片单位面积的干物重增加,但是,叶片在光下积累光合产物的同时,还会通过输导组织将同化物运出,从而使测得的干重积累值偏低。为了消除这一偏差,必须将待测叶片的一半遮黑,测量相同时间内叶片被遮黑的一侧单位面积干重的减少值,作为同化物输出量(和呼吸消耗量)的估测值。这就是经典的半叶法测定光合速率的基本原理。测定时须选择对称性良好、厚薄均匀一致的两组叶片,一组叶片用于测量干重的初始值,另一组(半叶遮黑的)叶片用于测定干重的最终值。半叶法不但操作烦琐,而且误差较大。

"改良半叶法"采用烫伤、环割或化学试剂处理等方法来损伤叶柄韧皮部活细胞,以防止光合产物从叶中输出(这些处理几乎不影响木质部中水和无机盐分向叶片的输送),仅用一组叶片,且无须将一半叶片遮黑,既简化了步骤,又提高了测定的准确性。

二、实验用品

1. 材料:活体植物叶片。

2. 试剂:石蜡,5%～10%三氯乙酸。

3. 器材:分析天平,烘箱,称量皿(或铝盒),剪刀,刀片,金属或有机玻璃模板,打孔器,纱布,热水瓶或其他可携带的加热设备,附有纱布的夹子,毛笔,有盖搪瓷盘,纸牌,铅笔等。

三、实验内容与操作

1. 选择叶片:预先在田间选定有代表性的叶片(如叶片在植株上的部位、年龄、受光条件等应尽量一致)10片,挂牌编号,实验可在晴天上午 7～8 点开始。

2. 叶片基部处理:根据材料的形态解剖特点可任选以下 1 种。

(1)对于叶柄木质化较好且韧皮部和木质部易分开的双子叶植物,可用刀片将叶柄的外皮环割 0～5 cm 宽,切断韧皮部运输。

(2)对于韧皮部和木质部难以分开的小麦、水稻等单子叶植物,可用刚在开水(水温 90℃以上)中浸过的用纱布包裹的试管夹,夹住叶鞘及其中的茎秆烫 20 s 左右,以伤害韧皮部。而玉米等叶片中脉较粗壮,开水烫不彻底的,可用毛笔蘸烧至 110～120℃的石蜡烫其叶基部。

(3)对叶柄较细且维管束散生,环剥法不易掌握或环割后叶柄容易折断的一些植物(如棉花),可采用化学环割。即用毛笔蘸三氯乙酸(蛋白质沉淀剂)点涂叶柄,以杀伤筛管活细胞。

为了使经以上处理的叶片不致下垂,可用锡纸、橡皮管或塑料管包绕,使叶片保持原来的着生角度。

3.剪取样品:叶基部处理完毕后,即可剪取样品,记录时间,开始进行光合速率测定。一般按编号顺序分别剪下对称叶片的一半(中脉不剪下),并按编号顺序将叶片夹于湿润的纱布上,放入带盖的搪瓷盘内,保持黑暗,带回室内。带有中脉的另一半叶片则留在植株上进行光合作用。过4～5 h后(光照好、叶片大的样品,可缩短处理时间),再依次剪下另一半叶。同样按编号包入湿润纱布中带回。两次剪叶的次序与所花时间应尽量保持一致,使各叶片经历相同的光照时数。

4.称重比较:将各同号叶片之两半对应部位叠在一起,用适当大小的模板和单面刀片(或打孔器),在半叶的中部切(打)下同样大小的叶面积,将光、暗处理的叶块分别放在105℃下杀青 10 min,然后在80℃下烘至恒重(约5 h),在分析天平上分别称重,将测定的数据填入表17-1中,并计算结果。

表 17-1　改良半叶法测定光合速率记录表

测定日期:　　　　　　　　　　地点:　　　　　　　　　　植物材料:
生育期:　　　　　　　　平均光照强度/klx:　　　　　　平均气温/℃:

项目	时间	暗处理叶的干重/mg	光照叶的干重/mg	(光—暗)干重增量/mg	光合速率/(mg·dm^{-2}·h^{-1})	
					以干物质计	CO$_2$ 同化量计
第一次取样						
第二次取样						
光合作用时间/h						
取样面积/cm^2						

5.计算

(1)按干物质计算:

$$光合速率(mg \cdot dm^{-2} \cdot h^{-1}) = \frac{(光-暗)干重增量(mg)}{叶片切块面积(dm^2) \times 光合时间(h)}$$

(2)按 CO$_2$ 同化量计算:由于叶片内光合产物主要为蔗糖与淀粉等碳水化合物,而 1 mol 的 CO$_2$ 可形成 1 mol 的碳水化合物,故将干物质重量乘系数 1.47(44/30＝1.47),便得单位时间内单位叶面积的 CO$_2$ 同化量(mg·dm^{-2}·h^{-1})。

上述是总光合速率的测定与计算,如果需要测定净光合速率,只需将前半叶取回后,立即切块,烘干即可,其他步骤和计算方法同上。

四、注意事项

1.烫伤如不彻底,部分有机物仍可外运,测定结果偏低。凡具有明显的水浸渍状者,表明烫伤完全。烫伤完全是该方法成功的关键之一。

2.对于小麦、水稻等禾本科植物,烫伤部位以选在叶鞘上部靠近叶枕 5 mm 处为好,既可避免光合产物向叶鞘中运输,又可避免叶枕处烫伤而使叶片下垂。

五、思考题

1. 比较叶片总光合速率与净光合速率测定时的不同之处,说明原因。
2. 与其他测定光合速率的方法相比,本方法有何优缺点?

实验十八　　LI-6400便携式光合仪测定植物叶片的气体交换

一、实验目的与原理

1.目的:掌握红外线 CO_2 分析仪法测定气体交换参数(光合速率、暗呼吸作用、蒸腾速率和气孔导度)测定的基本原理;掌握用 LI-6400 便携式光合系统测定光合速率、暗呼吸作用、蒸腾速率和气孔导度的方法以及测定光合-光响应曲线的方法。

2.原理:红外线 CO_2 气体分析仪(IRGA)的工作原理。

红外线(infrared)是波长在 $0.75\sim400\ \mu m$ 范围内的电磁波。红外线按其波长划分,$25\sim400\ \mu m$ 为远红外线;$2.5\sim25\ \mu m$ 为中红外线;$0.75\sim2.5\ \mu m$ 为近红外线。受热物体是红外线辐射的极好辐射源。红外线在传播中其辐射能量被物体吸收后易被检测,这一特点就成为设计和制造红外线 CO_2 气体分析仪的依据。不同气体对红外线的吸收不同。由同种原子组成的气体分子(如 N_2、H_2、O_2 等)均不吸收红外线。只有由异种原子组成的气体分子(如 CO、CO_2、CH_4、H_2O 等)可以吸收红外线。因为由异种原子组成的气体分子是永久极性分子,即偶极子。分子内原子间的位置处于不停运动中,并发生周期性的变化。在与其频率相同的红外辐射作用下,偶极子(如 CO_2、CH_4)将发生共振,并吸收红外线辐射能量。

CO_2 气体吸收红外线辐射能时,其分子结构会由对称型转变为伸缩型或弯曲型。另外,CO_2 气体能吸收红外线 4 个区段的能量,吸收峰的波长分别在:$2.66\ \mu m$、$2.77\ \mu m$、$4.26\ \mu m$、$14.99\ \mu m$,其吸收率分别为 0.54%、0.31%、23.2%、3.1%。峰值为 $4.26\ \mu m$ 的吸收率最高,在 CO_2 浓度较低时,在特定波长($4.26\ \mu m$)下,被 CO_2 气体吸收的红外线辐射能量与 CO_2 气体的浓度呈线性关系,即红外线经过 CO_2 气体分子时,其辐射能量减少,被吸收的红外线辐射能量的多少与该气体的吸收系数(K)、气体浓度(c)和气体层的厚度(L)有关,并符合朗伯-比尔定律,可以用下式表示:

$$E = E_0KcL$$

式中:E_0——入射红外线的辐射能量;

　　E——透过的红外线的辐射能量。

一般红外线 CO_2 气体分析仪内设置仅让 $4.26\ \mu m$ 红外线通过的滤光片,其辐射能量即 E_0,只要测得透过的红外线辐射能量(E)的大小,即可知 CO_2 气体浓度。

二、实验用品

1.材料:带枝条的叶片或植株。

2.试剂:无水氯化钙(无水硫酸钙),烧碱石棉(10 目)或碱石灰。

3.器材:LI-6400 便携式光合系统。

三、实验内容与操作

(一)仪器使用步骤

1.仪器安装：根据测定对象选择不同叶室进行安装,本实验选用仪器配套的 6400-02B 红蓝光源叶室。电源连线与控制器正确匹配(管道和线路切不可接错),多孔插线和分析器对准(红点)插入;硬塑料管带黑圈套的端与分析器相接并使另一端与控制器"sample"相接。接上带"buffer"的进气管,接上电源(切记,除"sleep"状态外,在电源打开的情况下,不可接或卸管道和线路,否则会烧毁仪器)。

2.开机：打开位于主机右侧的电源开关。仪器在启动后将显示"Is the IRGA connected?(Y/N)",选择"Y";选择叶室(6400-02B 红蓝光源),然后回车＜enter＞,仪器显示"Is the chamber/IRGA connected?(Y/N)",选择"Y",CO_2 分析仪有"噗……"声,自动进入主菜单。

3.手动测量：按 F4"New Measurements"菜单进入测量菜单。

①参数设置：按 2,按 F2(Flow)设置 100～500 能合适控制叶室内相对湿度的值,＜enter＞;按 F5(Lamp OFF)选 Quantum flux ＜enter＞;根据植物类型选择饱和光强(500～1 500),＜enter＞,按 1。

②匹配：向 Bypass 方向拧紧碱石灰管和干燥管上端的螺母。关紧叶室,如果"ΔCO₂"大于 0.5 或小于－0.5,按 F5"Match"进行匹配。

③设定文件：按 F1"Open Logfile"建立新文件。回车后输入自己设定的文件名。当显示屏出现提示"Enter Remark"时,输入需要的标记(英文,用于标记样地、植物种类、样品号等)。继续回车,文件设置结束。

④测量：选取需要测量的植物叶片,夹好叶片。尽量让叶片充满整个叶室空间,面积为 6 cm²,小叶片需测量面积,并在测量菜单状态下按数字"3"后按 F1 来修改叶面积值,关闭叶室,旋紧固定螺丝至适度位置。等待 C 行 PHOTO 读数稳定(小数点后最后一位数字的波动在 2 左右)后即可记录(按 F1"LOG"按钮或者按分析仪手柄上的黑色按钮 2 s 即可记录 1 组数据)。测量时间尽量选择在晴朗的上午 10:00～11:30 间最好。

⑤环境控制：只需要在手动测量时,按数字来切换菜单。具体各菜单情况如图 18-1 所示。

温度控制：按数字 2,按 F4 控制温度(输入需要的温度并回车即可,注意温度控制范围是环境温度的±6℃)。

光强控制：本功能在连接 6400-02B 红蓝光源条件下使用。在测量菜单下按数字"2",按 F5 选择"Quantum Flux"并回车,输入需要的光强值即可。

CO_2 控制：需要连接上 6400-01 CO_2 注入系统,并在主菜单下选择 F3"Calib"按钮进入校准菜单。将叶室关闭拧紧,把 CO_2 过滤管的螺丝拧到"SCRUB"状态。利用上下箭头选择"CO₂ Mixer Calibrate",回车,等待系统自动进行校准后,回到测量菜单,按数字 2,按 F3 设置 REF CO_2 浓度即可进行测量。测定完成后,关闭气流、温度、光强控制,退到主菜单。

4.自动测量。

(1)光响应曲线：

①建立文件：夹上气孔开放后的叶片,建立新文件后(测量菜单下按数字 1,按 F1),匹配(测量菜单下按数字 1,按 F5)。

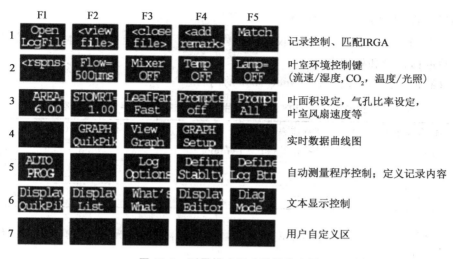

图 18-1　测量模式下功能键分布图

②设定条件:CO_2浓度,温度,相对湿度。

③测量菜单下按数字 5,按 F1,选择 LIGHT CURVE,回车,并输入光强梯度(例如 2000,1500,1200,1000,800,600,400,200,100,50,20,0)。进一步输入最小等待时间(例如 120 s)和最大等待时间(240 s)。输入匹配值(例如 20 ppm),回车,机器即进入自动测量,测量后关闭文件,退出。(注意此测量要求 CO_2浓度变化不大,否则应该控制其浓度)

(2)ACI 曲线:设定光强为饱和光,其他同于光曲线,不同点是选择"ACI CURVE",设置浓度梯度(举例 400,300,200,100,50,400,400,600,800,1000,1200,1500,2000)。

5.数据输出:将计算机与仪器连接,调整仪器状态(主菜单下按 F5"UTILITY"进入应用菜单,选择"FILE EXCHANGE",回车即可)。

运行 WINFX 软件,选择 CONNECT。将 LI-6400 内的"USER"文件夹下的数据文件拖到计算机中的某个文件夹下即可。用 Excel 软件打开,文件扩展名选择所有文件,选择分隔符为逗号,并打开文件,即可使用数据。

6.关机:按"ESCAPE"按钮退回到主菜单下,松开叶室(留一点缝隙),两个化学管螺母拧至中间松弛状态,关闭主机。取出电池充电(注:如使用中电力不足,仪器会出现声音提示和文字提示,需更换电池。更换电池时,应先将一只电池换好,然后再换另一只电池)。

(二)数据所代表的中文意义

Ftime:持续时间(s);Photo:光合速率(μmol・m^{-2}・s^{-1});Cond:气孔导度(mmol H_2O・m^{-2}・s^{-1}) Ci:胞间 CO_2浓度(μmol・mol^{-1});Trmmol:蒸腾速率(mmol・m^{-2}・s^{-1});VpdL:水气压差(mg・L^{-1});Area:叶面积(cm^2);BLCond:界面层导度;Tleaf:叶温(℃);StmRat:气孔比率;Tair:气温(℃);TBlk:参比室(℃);CO2S:叶室 CO_2浓度(μmol・mol^{-1});CO2R:参比室 CO_2浓度(μmol・mol^{-1});H2OR:参比室水含量;H2OS:叶室水含量;RH_R:参比室相对湿度(%);RH_S:叶室相对湿度(%);Flow:流量(mL・s^{-1});CsMch:CO2S 匹配;PARi:叶室内光强(μmol・m^{-2}・s^{-1});Press:大气压(mPa);PARo:叶室外光强(μmol・m^{-2}・s^{-1});HsMch:H2OS 匹配。

(三)实验测定内容

1.选择 C_3 和 C_4 植物各一种,比较两种植物饱和光下光合速率等气体交换参数的差异。

2.实验数据记录和处理:

①从仪器记录数据中选出并计算表18-1的内容。

表18-1　饱和光下 C_3 和 C_4 植物叶片的气体交换特征(平均值±标准差)

植物	光合速率/ $(\mu mol \cdot m^{-2} \cdot s^{-1})$	蒸腾速率/ $(mmol \cdot m^{-2} \cdot s^{-1})$	气孔导度/ $(mmol \cdot m^{-2} \cdot s^{-1})$	细胞间隙 CO_2 浓度/ $(\mu mol \cdot mol^{-1})$	水分利用效率

②从已有的全班数据中选择 2~3 组数据,做出符合要求的光-光合速率响应曲线。比较两种植物响应曲线的差异。

③求出它们的光补偿点、饱和点和量子效率和暗呼吸速率,并用合适的方法表示。

④根据测定结果,分析 C_3 和 C_4 植物光合特性的差异。

四、注意事项

1.密闭系统的最基本要求是严格密闭,不能漏气,否则无法测定。

2.红外仪的滤光效果并不十分理想,水蒸气是干扰测定的主要因素,因此,取样器干燥管内的 $CaCl_2$ 要经常更换,避免吸水溶解进入红外仪,污染分析气室,以保证测量精度,延长仪器寿命。

五、思考题

1.在光合速率的测定过程中,哪些步骤容易出现误差? 应怎样避免?

2.密闭式气路同化室的大小对室内 CO_2 下降速度、气孔反应的滞后、同化室内的微环境和光合速率有何影响? 设计同化室应注意哪些方面的问题?

实验十九　植物叶绿素荧光参数的测定

一、实验目的与原理

1. 目的:掌握便携式叶绿素荧光仪测定叶绿素荧光的基本原理和方法;理解叶绿素荧光参数的生理学意义及其在植物光合生理、逆境生理等研究中的应用。

2. 原理:光合作用的能量转换主要是指(光系统Ⅰ和Ⅱ)反应中心的电荷分离过程,也就是特殊的叶绿素分子(P700或P680)将电子传给电子受体的过程。目前已证明活体叶绿素荧光主要与光系统Ⅱ有关(图19-1)。植物吸收的光能,主要分为3个部分:光化学作用(photochemistry, P)、叶绿素荧光(fluorescence, F)和热耗散(heat dissipation, D),它们之间存在如下关系:

$$P + F + D = 1$$

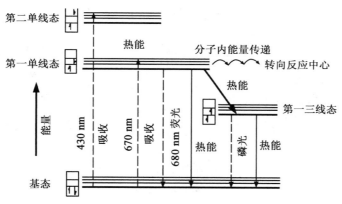

注:当一个叶绿素分子 a 的电子从激发态回到基态的去激过程中,
一小部分激发能(3%～9%)以红色的荧光形式耗散。

图 19-1　叶绿素荧光的发生

叶绿素荧光分析技术通过测量叶绿素荧光量准确获得光合作用量及相关的植物生长潜能数据。叶绿素荧光动力学技术在测定叶片光合作用过程中光系统对光能的吸收、传递、耗散、分配等方面具有独特的作用。与"表观性"的气体交换指标相比,叶绿素荧光参数更具有反映"内在性"特点。本实验以调制式叶绿素荧光仪 PAM(WALZ)为例测定植物叶绿素荧光主要参数。

随着光化学光强的升高,光化学的量子产率 P 逐渐下降,而耗散的量子产量 D 却逐渐升高。这就引起了荧光产量 F 的复杂变化。荧光研究的重要突破就是用一种饱和脉冲使光系统Ⅱ暂时达到饱和($P = 0$)。植物叶片的生长状况不同、所处的位置不同、光照不同,叶绿素荧光参数数值也会有所不同,所以不同叶片之间叶绿素荧光产量存在着一定的差异。

二、实验用品

1. 材料:植物叶片。
2. 器材:PAM2100 叶绿素荧光仪。

三、实验内容与操作

(一)仪器使用步骤

1. 仪器安装连接:将光纤和主控单元和叶夹相连接。光纤的一端必须通过位于前面板的三孔光纤连接器连接到主控单元光纤的另一端固定到叶夹 B 上。同时叶夹 B 还应通过 LEAF CLIP 插孔连接到主控单元。

2. 开机:按"POWER ON"键打开内置电脑后绿色指示灯开始闪烁说明仪器工作正常。随后在主控单元的显示器中会显示 PAM。

3. PAM 主控单元:PAM 主控单元上有按键,现分别简要介绍主要按键的功能。

Esc:退出菜单或报告文件;

Edit:打开报告文件;

Pulse:打开停止固定时间间隔的饱和脉冲;

Fm:叶片暗适应后打开饱和脉冲测量 F_o、F_m 和 F_v/F_m;

Menu:打开动力学窗口的主菜单;

Shift:该键只有和其他键结合时才能起作用;

＋:增加选定区的数值(参数)设置;

－:减少选定区的数值(参数)设置;

Store:存储记录的动力学曲线;

Com:打开命令菜单;

◀:指针左移;

▶:指针右移;

▲:指针上移;

▼:指针下移;

Act:打开光化光;

Yield:打开一个饱和脉冲以测定照光状态的光系统Ⅱ有效量子产量 F/F'_m。

4. 测量:

(1)通过选择合适的测量光强、增益和样品与光纤的距离来调节 F_o 在 $200 \sim 400$ mV。同时为了避免人为误差,建议通过检查饱和脉冲时得到的荧光动力学变化曲线来设置合理的饱和脉冲强度和持续时间。通过按 Com 菜单的 Pulse kinetics 功能来实现。

(2)F_o、F_m 和 F_v/F_m 的获得:可以通过按"shift return"键调出菜单执行 Fo determination 来测定 F_o 也可以通过按外接键盘的"Z"键来测量 F_o。可以通过按"Fm"键或按外接键盘的"M"键来测量 F_m,F_v/F_m 也会自动获得。

(3)量子产量 Yield 的获得:只需按"Yield"键即可。或者将指针移到"RUN"处激活

"RUN",只需按叶夹 B 上的红色遥控按钮即可。

5.数据输出:

(1)将 RS 数据线和 PAM 主控单元连接好。

(2)进入动力学窗口按"Menu"键进入 Data 子菜单选择 TransferFiles 并按回车键。

(3)打开一个窗口选择 RS 数据线的 ComPort,选择并激活 ComPort 后出现另一个窗口,其中展示出了 PAM 中存储的数据文件。双击该文件就可进行传输。

6.关闭仪器:按"Com"键会出现一个命令选择菜单,按"∨"选择"Quitprogram"并按回车键即可关闭仪器。将光纤和叶夹 B 卸下并整理好,放入荧光仪专用箱子中。

(二)主要荧光参数及其意义

F_o:初始荧光产量(original fluorescence yield),也称基础荧光,是 PSⅡ反应中心(经过充分暗适应以后)处于完全开放状态时的初始荧光产量。

F_m:最大荧光产量(maximal fluoreseence yield),是 PSⅡ反应中心完全关闭时的荧光产量。通常叶片经暗适应 20 min 后测得。

$F_v = F_m - F_o$:可变荧光,反映 PSⅡ的电子传递最大潜力。经暗适应后测得。

F_v/F_m:暗适应下 PSⅡ反应中心完全开放时的最大光化学效率,反映 PSⅡ反应中心最大光能转换效率。

F_v/F_o:代表 PSⅡ潜在光化学活性,与有活性的反应中心的数量成正比关系。

F_o':光适应下初始荧光。

F_m':光适应下最大荧光。

$F_v' = F_m' - F_o'$:光适应下可变荧光。

F_v'/F_m':光适应下 PSⅡ最大光化学效率,它反映有热耗散存在时 PSⅡ反应中心完全开放时的光化学效率,也称为最大天线转换效率。

F_t(或 F_s):稳态荧光产量(steady-state fluorescence yield)。

$\varphi PSⅡ = (F_m' - F_s)/F_m'$:PSⅡ实际光化学效率,它反映在照光下 PSⅡ反应中心部分关闭的情况下的实际光化学效率。

$qP = (F_m' - F_s)/(F_m' - F_o')$:光化学猝灭系数(photochemical quenching),它反映了 PSⅡ反应中心的开放程度。

$1 - qP$:用来表示 PSⅡ反应中心的关闭程度。

(三)实验测定内容

1.叶片 F_o、F_m 和 F_v/F_m 的测定:在校园内选取两个树种成熟叶片测定 F_o、F_m 和 F_v/F_m,试比较不同植物之间的异同。

2.叶片量子产量 Yield 的测定:在校园内选取实验植物成熟叶片测定 Yield,试比较不同植物之间的异同。

四、注意事项

1.禁止在开机的情况下连接外接电源。

2.禁止过度弯曲光导纤维。

五、思考题

1.影响叶绿素荧光参数的主要环境因子有哪些?

2.在一天的不同时间段,叶绿素荧光主要参数是否会出现变化?如果会,主要是什么原因引起的?

实验二十　植物呼吸速率的测定

一、实验目的与原理

1. 目的:呼吸速率是植物生命活动强弱的重要指标之一,植物呼吸速率的大小因植物类型、组织种类、生育期的差异而不同,也受着外界环境的影响。呼吸速率高的组织一般新陈代谢旺盛,呼吸速率低则说明代谢活动弱。因此,呼吸速率的测定在植物生理研究及农业生产实践等方面是必要的。其测定方法很多,如红外线 CO_2 分析法、氧电极法、瓦氏呼吸仪法、呼吸瓶法等。本实验用广口瓶法测定植物的呼吸速率,并比较不同萌发阶段植物的呼吸速率。

2. 原理:在广口瓶中加入一定量 $Ba(OH)_2$ 溶液,植物材料呼吸放出的 CO_2 可被瓶中的 $Ba(OH)_2$ 吸收,然后用草酸溶液滴定剩余的碱(反应如下),从空白和样品二者消耗草酸溶液之差,可计算出释放的 CO_2 量,用释放的 CO_2 量来表示呼吸速率。

$$Ba(OH)_2 + CO_2 \rightarrow BaCO_3 \downarrow + H_2O \tag{20-1}$$
$$Ba(OH)_2(剩余) + H_2C_2O_4 \rightarrow BaC_2O_4 \downarrow + 2H_2O \tag{20-2}$$

二、实验用品

1. 材料:不同萌发阶段的小麦。

2. 试剂。$1/44$ mol·L^{-1} 草酸溶液:准确称取重结晶 $H_2C_2O_4 \cdot 2H_2O$ 2.865 1 g 溶于蒸馏水中,定容至 1 000 mL,每毫升相当于 1 mg CO_2;

0.05 mol·L^{-1} $Ba(OH)_2$ 溶液:$Ba(OH)_2$ 8.6 g 或 $Ba(OH)_2 \cdot 8H_2O$ 15.78 g 溶于 1 000 mL 蒸馏水中,如有浑浊,待溶液澄清后使用;

酚酞指示剂:称取 1 g 酚酞溶于 100 mL 95%乙醇,贮于滴瓶中。

3. 器材:广口瓶测呼吸装置1套,电子天平,酸式和碱式滴定管各1支,滴定管架1套。

三、实验内容与操作

1. 装配广口瓶测呼吸装置:取 500 mL 广口瓶1个,加一个三孔橡皮塞。一孔插入装有碱石灰的干燥管,使其吸收空气中的 CO_2,保证在测定呼吸时进入呼吸瓶的空气中无 CO_2;一孔插入温度计;另一孔直径约 1 cm,供滴定用。平时用小橡皮塞塞紧。在瓶塞下面装一小钩,以便悬挂用尼龙窗纱制作的小筐,供装植物材料用。整个装置如图 20-1 所示。

2. 空白滴定:拔出滴定孔上的小橡皮塞,用碱滴定管向

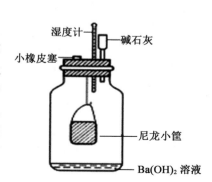

湿度计　碱石灰
小橡皮塞
尼龙小筐
$Ba(OH)_2$ 溶液

图 20-1　呼吸测定装置

瓶内准确加入 0.05 mol·L⁻¹ Ba(OH)₂ 溶液 20 mL,再把滴定孔塞紧。充分摇动广口瓶 3～5 min。待瓶内 CO₂ 全部被吸收后,拔出小橡皮塞加入酚酞 3 滴,把酸滴定管插入孔中,用 1/44 mol·L⁻¹ 草酸溶液进行空白滴定,至红色刚刚消失为止,记下草酸溶液用量(mL),即为空白滴定值。

3. 样品滴定:倒出废液,先用自来水,再用新煮沸(为驱赶水中 CO₂)并冷却的蒸馏水洗净广口瓶,重加 20 mL Ba(OH)₂ 溶液于瓶内,取待测小麦种子 100 粒,同时称出重量,装入小筐中,打开橡皮塞,迅速挂于橡皮塞的小钩上,塞好塞子,开始记录时间。经 30 min,其间轻轻摇动数次,使溶液表面的 BaCO₃ 薄膜破碎,有利于 CO₂ 的充分吸收。到预定时间后,轻轻打开瓶塞,迅速取出小筐,立即重新塞紧。充分摇动 2 min,使瓶中 CO₂ 完全被吸收,拔出小橡皮塞,加入酚酞 3 滴,用草酸溶液滴定如前。记下草酸溶液用量,即为样品滴定值。

4. 按步骤 3 测定 100 粒萌发小麦种子消耗草酸溶液的量。

5. 计算呼吸速率:

$$呼吸速率 = \frac{(空白滴定值-样品滴定值) \times 草酸浓度 \times CO_2 分子量}{植物组织鲜重(或干重) \times 时间(h)} \quad (20-3)$$

呼吸速率的单位一般可采用 $mgCO_2 \cdot g^{-1} FW \cdot h^{-1}$,式中滴定值以 mL 计,$mgCO_2 \cdot mL^{-1}$ 草酸＝1。

四、注意事项

1. 加样操作时,应设法防止室内空气和口中呼出的气体进入瓶内。

2. 注意掌握滴定终点。

五、思考题

1. 在呼吸速率测定中哪些步骤容易出现误差,应当怎样避免?

2. 广口瓶橡皮塞上加一碱石灰管有何作用?

3. 哪些环境因子会对呼吸速率产生影响?

实验二十一 生长素类物质对根芽生长的影响

一、实验目的与原理

1. 目的:生长素及人工合成的类似物质对植物生长有很大影响,但不同浓度所产生的生理效应不同。通过生物试法观察生长素类物质——α-萘乙酸(NAA)对根芽生长的影响,从而为大田播种前使用萘乙酸浸种或拌种提供理论依据。

2. 原理:生长素及人工合成的类似物质(如萘乙酸等)一般在低浓度下对植物生长有促进作用,高浓度则起抑制作用。根对生长素较敏感,促进和抑制其生长的浓度均比芽低些。根据此原理可观测不同浓度的萘乙酸对不同部位生长的促进和抑制作用。

二、实验用品

1. 材料:小麦种子。

2. 试剂。饱和漂白粉(或 0.1% $HgCl_2$);10 mg·L^{-1} 萘乙酸(NAA)溶液:称取萘乙酸 10 mg,先溶于少量乙醇中,再用蒸馏水定容至 100 mL,配成 100 mg·L^{-1} 萘乙酸溶液,将此液贮于冰箱中,用时稀释 10 倍。

3. 器材:恒温培养箱,培养皿,1 mL、2 mL、10 mL 移液管,圆形滤纸(直径与培养皿底内径相同),尖头镊子,记号笔。

三、实验内容与操作

1. 取 7 只培养皿洗净烘干,编号,在 1 号培养皿中加入已配好的 10 mg·L^{-1} NAA 溶液 10 mL,在 2～6 号培养皿中各加入 9 mL 蒸馏水,然后用吸管从 1 号皿中吸取 10 mg·L^{-1} NAA 溶液 1 mL 注入 2 号皿中,充分混匀后即成 1 mg·L^{-1} NAA。再从 2 号皿吸 1 mL 注入 3 号皿中,混匀即成 0.1 mg·L^{-1} 溶液,如此继续稀释至 6 号皿,结果从 1 号到 6 号培养皿 NAA 浓度依次为 10 mg·L^{-1}、1.0 mg·L^{-1}、0.1 mg·L^{-1}、0.01 mg·L^{-1}、0.001 mg·L^{-1}、0.000 1 mg·L^{-1}。最后从 6 号皿中吸出 1 mL 弃去,各皿均为 9 mL 溶液。7 号皿加蒸馏水 9 mL 作为对照。

2. 精选小麦种子约 200 粒,用饱和漂白粉上清液表面灭菌 20 min,取出用自来水冲净,再用蒸馏水冲洗 3 次,用滤纸吸干种子表面水分。

3. 在 1～7 号培养皿中各放一张滤纸,沿培养皿周缘整齐地摆放 20 粒种子,使胚朝向培养皿中心,加盖后置 20～25℃温箱中,24～36 h 后,观察种子萌发情况,留下发芽整齐的种子 10 粒。3 天后,测定各处理种子的根数、根长及芽长,求其平均值,记入表 21-1 中,确定 NAA 对根、芽生长具有促进或抑制作用的浓度。

表 21-1　NAA 浓度对根、芽生长的影响记录表

NAA 浓度/ (mg · L⁻¹)	根数/粒	平均各条根长/cm			平均芽长/cm
		第一条 种子根	第二条 种子根	第三条 种子根	

四、注意事项

1.选择小麦种子时应选取成熟、饱满且大小一致的籽粒。

2.测量时应选取长势一致的种子。

五、思考题

1.比较不同浓度 NAA 对根芽生长的影响。

2.如果需要用植物激素处理来生产无根豆芽,你将选择哪一种激素或生长调节剂? 为什么?

实验二十二　植物激素类物质的生物鉴定

一、实验目的与原理

1.目的:生长素、赤霉素、细胞分裂素、乙烯、脱落酸是公认的五大类植物激素,它们对植物都有其独特的生理效应。在早期的研究中,多以其生物效应作为鉴定植物激素特性的方法。本实验主要介绍生长素、赤霉素、细胞分裂素的生物鉴定方法。

2.原理。生长素的生物鉴定——芽鞘伸长法:生长素能促进禾本科植物胚芽鞘的伸长。切去顶端的胚芽鞘段,断绝了内源生长素的来源,其伸长在一定范围内与外加生长素浓度的对数呈线性关系。因此,可以用一系列已知浓度的生长素溶液培养芽鞘切段,绘制成生长素浓度与芽鞘伸长的关系曲线,以鉴定未知样品的生长素含量。

细胞分裂素的生物鉴定——萝卜子叶增重法:细胞分裂素有促进萝卜子叶增大的效应。可先做出细胞分裂素浓度与子叶重量增加的关系曲线,再以待测样品进行对比试验,就可鉴定样品中细胞分裂素的浓度或效价。

赤霉素的生物鉴定——水稻幼苗法:赤霉素能强烈促进水稻幼苗伸长,幼苗株高在一定范围内同外加赤霉素浓度的对数呈直线关系。因此可用作生物鉴定方法以测定未知样品的赤霉素含量或效价。

二、实验用品

1.材料:各类植物种子。

2.试剂。含有2%蔗糖的磷酸-柠檬酸缓冲液(pH 5.0):称取 K_2HPO_4 1.794 g,柠檬酸 1.019 g,蔗糖 20 g,溶于蒸馏水中定容至 1 L;

$0.001\ mol \cdot L^{-1}$ 吲哚乙酸(IAA)溶液:精确称取 17.5 mg IAA,用上述缓冲液溶解并定容至 100 mL;$5\ mg \cdot L^{-1}$ 激动素或6-BA溶液;$100\ mg \cdot L^{-1}$ 赤霉素溶液;漂白粉适量。

3.器材:恒温培养箱,培养皿,1 mL、2 mL、10 mL 移液管,圆形滤纸(直径与培养皿底内径相同),带盖搪瓷盘,贴有毫米方格纸的玻璃板,绿色灯泡,简易切割刀,细玻璃丝若干,手术剪,100 mL 高型烧杯,尖头镊子,记号笔。

三、实验内容与操作

1.生长素的生物鉴定——芽鞘伸长法

(1)精选小麦种子100粒,浸入饱和的漂白粉溶液中 20 min,取出后用自来水和蒸馏水洗净,成横排摆放在铺有洁净滤纸的带盖搪瓷盘中。为了使胚芽鞘基部无弯曲,需将搪瓷盘斜放呈 40°～50°角,使胚倾斜向下,盘中加水并加盖,置25℃暗室中培养。暗室以绿色灯泡照明。

(2)播后3天,当胚芽鞘长度为25～35 mm时,精选芽鞘长度一致的幼苗50株,用镊子从基部取下芽鞘,再用切割器在贴有方格纸的玻璃板上切去芽鞘顶端3 mm,再向下切取6 mm的切段50段,放入蔗糖磷酸缓冲液中浸泡1～2 h,以洗去内源生长素。

(3)取洗净烘干的培养皿5套,用记号笔编号,向各皿内加pH 5.0的蔗糖磷酸缓冲液9 mL,然后在1号皿中加0.001 mol·L^{-1}的IAA缓冲液1 mL,摇匀,即成10^{-4}mol·L^{-1}的IAA溶液;再从1号皿中吸出1 mL注入2号皿,摇匀,即成10^{-5}mol·L^{-1}IAA溶液;再从2号皿中吸出1 mL注入3号皿,摇匀,即成10^{-6}mol·L^{-1}IAA溶液;依次操作到4号皿,配成10^{-7}mol·L^{-1}IAA溶液,并吸出1 mL弃去。5号皿不加IAA做对照。

(4)从缓冲液中取出胚芽鞘切段,吸去表面水分,将切段套在玻璃丝上,注意仔细操作,勿损伤芽鞘。同一玻璃丝上可以穿2～3段芽鞘,但要留下生长的空隙。每一皿中放入10段芽鞘,加盖,在25℃暗箱或暗室中培养。以上操作应在绿光下进行。

(5)培养24 h后,取出芽鞘,在毫米方格纸上测量其长度,若能借助于双目解剖镜则可提高测量精度。求出每种处理的芽鞘平均长度。以处理芽鞘长度(L)与对照长度(L_0)之比(L/L_0)为纵坐标,以IAA浓度的对数为横坐标画出标准曲线。

(6)对于未知浓度的生长素提取液或其他类似物溶液,均可按上述步骤求L/L_0,查出标准曲线即可求得其浓度或效价。

2.细胞分裂素的生物鉴定——萝卜子叶增重法

(1)种子萌发:取均匀一致的萝卜种子200粒,用饱和漂白粉溶液消毒20 min并洗净,摆放在垫有滤纸并用蒸馏水湿润过的带盖搪瓷盘中,25℃暗中催芽。约30 h后,即萌发而展开一大一小两片子叶。从每个幼苗上切下较小的一片子叶,注意子叶上不能残留下胚轴。选择大小一致的子叶50片供试。

(2)子叶培养:取直径9 cm的培养皿5套编号,并在各培养皿垫一张与皿底大小相同的滤纸,从1号至5号培养皿分别加5.0、0.5、0.05、0.005 mg·L^{-1}的激动素或6-BA水溶液和蒸馏水各3 mL。溶液稀释方法同IAA,在各个培养皿的滤纸上放10片子叶,盖好皿盖,并把培养皿放在垫有湿润滤纸的搪瓷盘上,用玻璃板将盘子盖好,以维持高湿度,在荧光灯下25℃培养3天,用分析天平称每个子叶鲜重,求其平均数。

(3)以每一处理的子叶平均重为纵坐标,激动素或6-BA浓度的对数为横坐标,绘出两者的关系曲线。用同样方法以未知样品溶液培养萝卜子叶,与标准曲线比较,即能大致确定未知样品细胞分裂素的含量或生物效价。

3.赤霉素的生物鉴定——水稻幼苗法

(1)粒选水稻种子100～200粒,用饱和漂白粉溶液灭菌20～30 min,再用冷开水充分洗净,放在铺有洁净滤纸的培养皿中加冷开水至约浸没种子厚度的一半,放在25～29℃的室内催芽。4～5天后,精选芽长5 mm、高度一致的幼苗60株待用。

(2)取100 mL高型烧杯12只,每2只为一组,共分6组,按组依次加入蒸馏水、0.1、1.0、10、100 mg·L^{-1}标准赤霉素溶液各2 mL,第6组加入2 mL待测液(待测样品的赤霉素浓度如果很高,应根据估计的浓度范围适当稀释,使稀释液的赤霉素浓度在0.5～50 mg·L^{-1}范围内)。然后在每一烧杯中放入5株水稻幼苗,烧杯上覆盖培养皿盖,放置在27℃左右的散射光下(或日光灯照明下)培养,培养期间可适当补充蒸发掉的水分。当苗高与烧杯高度相近时,将培养皿盖除去。

(3)5～6 天后,当对照的第三片叶子开始伸出时用米尺测量各幼苗第二叶的叶鞘长度,求出平均值,以叶鞘长度为纵坐标,赤霉素浓度的对数为横坐标作图,画出标准曲线,将未知样品培养的稻苗第二叶鞘长度与标准曲线相比,可大体确定未知样品赤霉素的浓度和效价。

四、注意事项

1.将芽鞘切段套在玻璃丝上的目的是防止芽鞘弯曲生长,若有摇床设备,可不必用玻璃丝而将芽鞘直接放入培养皿或三角瓶中,并置摇床上缓慢摇动或使芽鞘经常滚动,以避免弯曲。

2.进行未知样品分析时,需经提纯,除去植物材料中的糖分和无机盐等物质,以防样品在培养期间发霉。

五、思考题

用生物鉴定法能否测定植物粗提取液中的植物激素含量? 为什么?

植物激素对愈伤组织形成和分化的影响

一、实验目的与原理

1. 目的:植物组织培养可以在不受植物体其他部分干扰下研究被培养部分的生长和分化的规律,并且可以利用各种条件来影响它们的生长和分化,以解决理论和生产上的问题。同时,组织培养作为生物工程的一项重要技术,在基础理论和应用研究以及生产实践中发挥着巨大的作用,并具有广阔的应用前景。通过本实验主要了解植物激素对外植体生长和分化的影响,并通过实验练习来掌握组织培养的基本技术。

2. 原理:愈伤组织分化根和芽受培养基中生长素和细胞分裂素的相对浓度的影响,生长素/细胞分裂素比值高时,促进根的分化;比值低时,则促进芽的分化;两种激素比值适中时,则愈伤组织生长占优势或不分化。这样,通过改变两种激素的相对浓度即可有效地调节愈伤组织再分化的进程。

二、实验用品

1. 材料:菊花舌状花。

2. 试剂:75%乙醇;1%次氯酸钠;$1 \ mol \cdot L^{-1}$ HCl;琼脂;6-苄基腺嘌呤;萘乙酸;MS 培养基中各种化合物(配方见附录七)。

3. 仪器:超净工作台;高压灭菌锅;手术刀;长柄镊子;三角瓶;容量瓶:25 mL、50 mL、500 mL、1 000 mL 各 1 支;吸量管:1 mL、2 mL、5 mL、10 mL 各 1 支;培养皿 1 个;1 000 mL烧杯(1 000 mL);酒精灯;牛皮纸;白线绳;培养室。

三、实验内容与操作

(一)按 MS 培养基配方(见附录七),先配制各母液

1. 按表 23-1,配制 10 倍的大量元素母液:

表 23-1　10 倍的大量元素母液配置表　　　　　　　　　　　　　　　　g

无机盐	NH_4NO_3	KNO_3	$CaCl_2 \cdot 2H_2O$	$MgSO_4 \cdot 7H_2O$	KH_2PO_4
质量	16.5	19	4.4	3.7	1.7

用蒸馏水溶解并定容至 1 000 mL。

2. 按表 23-2 配制 100 倍的微量元素母液：

表 23-2　100 倍的微量元素母液配置表　　　　　　　　　mg

无机盐	KI	H_3BO_3	$MnSO_4 \cdot 4H_2O$	$ZnSO_4 \cdot 7H_2O$	$CuSO_4 \cdot 5H_2O$	$CoCl_2 \cdot 6H_2O$	$Na_2MoO_4 \cdot 2H_2O$
质量	83	620	2 230	860	2.5	2.5	25

用蒸馏水溶解并定容至 1 000 mL。

3. 200 倍的铁盐母液：称 EDTA-Na_2 3.37 g，$FeSO_4 \cdot 7H_2O$ 2.78 g，用蒸馏水溶解并定容至 500 mL。

4. 有机成分：

①20 $mg \cdot mL^{-1}$ 的肌醇溶液：称取 2 g 肌醇，用蒸馏水溶解后定容至 100 mL。

②0.5 $mg \cdot mL^{-1}$ 的烟酸溶液：称取 12.5 mg 的烟酸，用蒸馏水溶解后定容至 25 mL。

③1 $mg \cdot mL^{-1}$ 的甘氨酸溶液：称取 25 mg 甘氨酸，用蒸馏水溶解后定容至 25 mL。

④0.5 $mg \cdot mL^{-1}$ 的盐酸吡哆醇（维生素 B_6）：称取 12.5 mg 盐酸吡哆醇，用蒸馏水溶解后定容至 25 mL。

⑤0.1 $mg \cdot mL^{-1}$ 的盐酸硫胺素（维生素 B_1）：称取 10 mg 盐酸硫胺素，用蒸馏水溶解后定容至 100 mL。

5. 植物激素：

①0.1 $mg \cdot mL^{-1}$ 的萘乙酸溶液：称取 10 mg NAA，用少量 95% 乙醇溶解后，用蒸馏水定容至 100 mL。

②1 $mg \cdot mL^{-1}$ 6-苄基腺嘌呤：称取 50 mg 6-BA，用少量 1 $mol \cdot L^{-1}$ 的 HCl 溶解后，用蒸馏水定容至 50 mL。

(二)配制培养基

1. 将各种元素的母液混合，配制成 MS 培养基，1 L MS 培养基中各种元素的母液含量如表 23-3 所示：

表 23-3　1 L MS 培养基中各种元素的母液含量

种类	含量	种类	含量
大量元素母液	100 mL	微量元素母液	10 mL
铁盐母液	5 mL	肌醇母液	5 mL
甘氨酸母液	2 mL	烟酸母液	1 mL
盐酸吡哆醇母液	1 mL	蔗糖	30 g
盐酸硫胺素母液	1 mL	琼脂	9 g

2. 再按表 23-4 分别加入 NAA 和 6-BA 母液:

表 23-4　培养基 1~4 加入 NAA、6-BA 配置表　　　　　　　　　　mL

种类	培养基			
	1	2	3	4
NAA 母液	0.1	0.2	0.1	0
6-BA 母液	3	3	0	3 mL

3. 先在三角烧杯(或不锈钢锅)中加入 600 mL 蒸馏水,加入相应量的琼脂和蔗糖,在水浴锅里将琼脂溶化,如果直接加热应不停地搅拌,防止瓶底(或锅底)烧焦或沸腾溢出。再将上述各种物质母液混合其中,混匀,用 1 mol·L^{-1} NaOH 溶液或 1 mol·L^{-1} HCl 溶液调 pH 至 5.8,用蒸馏水定容至 1 L。将培养基分注到三角瓶或试管中,按容器的大小和培养要求放入适当量的培养基。分装时注意不要把培养基沾附到瓶口或管口附近的内壁上,以免培养过程中发生污染。分装中还要不时搅动下口杯中的培养基,否则先后分装的各瓶培养基凝固能力不同。盖上棉塞,用牛皮纸包扎好后,放入高压灭菌锅,121℃下灭菌 20 min,冷却后备用。

(三)材料的灭菌与接种

取开花前 2~3 天已露白的菊花花蕾,先用自来水冲洗花蕾,然后在 75% 乙醇中浸泡 15 s,后用无菌水冲洗 2 次,再用 1‰ 次氯酸钠溶液浸泡 15 min,并不时轻轻搅动。用无菌水清洗 3 次,再转入放有滤纸而又无菌的培养皿中,用剪刀剪取舌状花,用解剖刀将舌状花切为 5 mm×5 mm 大小的小块,一个 100 mL 的三角瓶中 6~8 个小块。将接种后的舌状花块放到培养室中培养。培养室内的温度为(25±2)℃,日光灯每天照明 12 h,光照强度约 2 000 lx。

(四)结果观察和记录

接种后注意观察记录外植体上愈伤组织和根芽出现的时间和数量,加以分析比较。

四、注意事项

1. 在配制植物激素时,溶解试剂的乙醇和盐酸用量要少,用蒸馏水稀释时,慢慢沿烧杯内壁加入。

2. 对培养基和材料及接种过程中所用器具都要严格灭菌。

3. 分装培养基时,不能把培养基沾附到瓶口上,以免引起污染。

4. 在温室内培养过程中,经常检查,及时剔除污染的材料或三角瓶。

五、思考题

1. 植物激素与愈伤组织形成和器官分化有何关系?

2. 在组织培养过程中应注意些什么?

实验二十四　细胞分裂素对萝卜子叶的保绿作用

一、实验目的与原理

1. 目的：细胞分裂素能够促进细胞分裂、延缓衰老等，故常被用作花卉及果蔬的保鲜剂。因此，本实验主要学习与熟悉细胞分裂素的生理作用，了解其在农产品的贮藏、运输中具有的重要意义。

2. 原理：细胞分裂素能够促进细胞分裂，阻止核酸酶和蛋白酶等一些水解酶的产生，因而使得核酸、蛋白质和叶绿素少受破坏，同时具有减少营养物质向外运输的作用。

将植物的离体叶片放在适宜浓度的细胞分裂素溶液中，置于 25～30℃ 黑暗条件下，叶片中叶绿素的分解速度比对照慢，证明细胞分裂素具有保绿作用。

二、实验用品

1. 材料：子叶刚完全展开的萝卜幼苗。

2. 试剂。0.1 mol·L^{-1} HCl 溶液；6-苄基氨基嘌呤（或玉米素）溶液：称取 10 mg 6-苄基氨基嘌呤（6-BA），先用 0.1 mol·L^{-1} HCl 溶液溶解，再用蒸馏水稀释成 100 mL，则浓度为 100 μg·mL^{-1}，再稀释成 5、10、20 μg·mL^{-1}，配成的溶液 pH 约为 5。

3. 器材：分光光度计，天平，量筒，小漏斗，研钵，培养皿，容量瓶，剪刀。

三、实验内容与操作

1. 取 4 套培养皿分别加入 0、5、10、20 μg·mL^{-1} 的 6-BA 溶液各 20 mL，每种浓度处理重复 2 次。各培养皿中放入苗龄和长势相同的萝卜子叶 1 g，加盖后放在 25～30℃ 黑暗的地方培养。

2. 1～2 天后取出材料，用吸水纸吸干子叶上的溶液，然后用分光光度法测定各处理组子叶中的叶绿素含量（mg 叶绿素·g^{-1} 鲜组织）。

四、注意事项

1. 选取植物材料时，要力求均匀，每个处理中的叶段都应来自相同的叶片。

2. 配制的 6-苄基氨基嘌呤（或玉米素）溶液 pH 应测定。

五、思考题

试比较不同浓度的细胞分裂素溶液对萝卜子叶的保绿作用。

实验二十五　酶联免疫吸附测定法测定植物激素含量

一、实验目的与原理

1.目的：植物的生长发育、基因表达以及对环境刺激的反应均受体内激素平衡的制约。但是，由于内源激素含量极低，在实验室中要精确快速测定是比较困难的。植物激素（plant hormone）的免疫法测定极大地促进了植物激素的研究。本实验的目的是掌握酶联免疫吸附测定法（ELISA）测定植物激素含量的原理及操作，熟悉酶联免疫检测仪的使用。

2.原理：在 ELISA 中，抗原抗体反应的检测依靠酶标记物来实现，常用的酶有辣根过氧化物酶和碱性磷酸酯酶。酶可直接标记激素分子，称为酶标植物激素，也可标记于第二抗体（识别抗激素抗体 Fc 片段的抗体或金黄色葡萄球菌 A 蛋白），称为酶标二抗。这两类标记物分别用于固相抗体型和固相抗原型 ELISA。

（1）固相抗体型 ELISA：将抗激素的单克隆抗体（MAb）与已吸附于固相载体上的兔抗鼠 Ig 抗体（RAMIG）结合，然后加入激素标准品或待测样品，使其与固相化的 MAb 结合，再加入辣根过氧化物酶（HRP）标记激素（酶标激素）。通过测定酶标激素的被结合量，可换算出未知样品中激素的数量。

（2）固相抗原型 ELISA：将"激素-蛋白"复合物（该蛋白应不同于免疫原中的载体蛋白）包被于固相载体，加入待测激素（样品或标准品）和抗 IAA 多克隆抗体（PAb）反应，进行竞争反应，然后让 HRP 标记羊抗兔 Ig 抗体（HRP-GARIG）与结合在固相上的 PAb 反应，通过测定与固相结合的酶量，换算出未知样品中激素的含量。

二、实验用品

1.材料：高等植物、真菌、藻类等组织或器官。

2.试剂：

（1）洗涤缓冲液：0.01 mol·L^{-1} pH 7.4 磷酸缓冲液（PBS），内含 0.05％Tween-20；

（2）RAMIG 溶液或"激素-蛋白"复合物；

（3）0.1％封闭蛋白（该蛋白应不同于免疫原中的载体蛋白）；

（4）抗激素 MAb 或 PAb；

（5）激素标准品母液及参比系列溶液（按双倍或 4 倍系列稀释）；

（6）HRP 标记激素或 HRP-GARIG；

（7）邻苯二胺（OPD）基质液：称取 5 mg OPD 溶于 12.5 mL 0.01 mol·L^{-1} pH 5.0 的磷酸缓冲液中，用前加入 30％ H_2O_2 12.5 μL。

3.器材：酶联免疫检测仪、高速冷冻离心机、恒温箱、连续进样器、涡旋仪、96 孔微孔板、离心管、研钵或匀浆器、试管等。

三、实验内容与操作

(一)固相抗体型 ELISA

1.用方阵法滴定选择各反应物最适工作浓度。

2.将 100 μL RAMIG 溶液包被聚苯乙烯反应板微孔,4℃湿盒,12 h。

3.弃去孔内溶液,用洗涤缓冲液洗涤 3 次,甩干。

4.加入 100 μL 抗激素 MAb 溶液,37℃,70 min。

5.弃去孔内溶液,用洗涤缓冲液洗涤 3 次,甩干。

6.各孔内依次加入 50 μL 待测样液,每个样品 3 次重复,15～20℃,20 min。

7.加入 50 μL HRP 标记激素,37℃,60 min。

8.弃去孔内溶液,用洗涤缓冲液洗涤 3 次,甩干。

9.加入 100 μL OPD 基质液,37℃显色 15～20 min,加入 50 μL 3mol·L^{-1} H$_2$SO$_4$ 溶液终止反应。用酶联免疫检测仪测定 490 nm 下各孔的 A_{490} 值,求出每份样品重复孔的平均值。

10.用激素标准品母液和参比系列溶液,在同一微孔板上同上法操作。

(二)固相抗原型 ELISA

1.用方阵法滴定选择各反应物最适工作浓度。

2.将 100 μL"激素-蛋白"复合物溶液包被于微孔板,37℃,12 h。

3.弃去孔内溶液,用洗涤缓冲液洗涤 3 次,甩干。

4.加入 100 μL 0.1％封闭蛋白溶液封闭,37℃,30 min。

5.弃去孔内溶液,用洗涤缓冲液洗涤 3 次,甩干。

6.各孔同时加入 50 μL 样液和 50 μL 抗激素 PAb 溶液,以加入正常兔血清溶液的孔(非特异吸附孔)为空白调零,37℃,60 min。

7.弃去孔内溶液,用洗涤缓冲液洗涤 3 次,甩干。

8.加入 100 μL HRP-GARIG 溶液,37℃,60 min。

9.弃去孔内溶液,用洗涤缓冲液洗涤 3 次,甩干。

10.随后的显色、中止与比色程序同上。

11.用激素标准品母液和参比系列溶液,在同一微孔板上同上法操作。

(三)结果计算

1.因相抗体型 ELISA。

(1)以加入激素母液的孔(非特异吸附孔)为空白调零,以加入不含激素的 PBS 的孔为 B_0 孔,以加入激素标准参比系列溶液的各孔为 B_i 孔。以标准激素物质的量的常用对数 lg n 为横坐标(x),对应的 $\ln[B_i/(B_0-B_i)]$ 为纵坐标(y),可得一条直线 $y=a+bx$。

(2)将样品孔的 A_{490} 值代入上式,换算出待测样品中激素的物质的量,乘以稀释倍数,除以样品重量,即为每克样品的激素含量。

2.固相抗原型 ELISA。

以加入不含激素的磷酸缓冲液的孔为 B_0 孔,以加入激素标准参比系列溶液的各孔为 B_i 孔,标准曲线计算与结果分析同上。

四、注意事项

1.注意:酶联免疫检测仪的原理及使用方法。

2.必须了解所采用抗体的特异性,未经过严格交叉反应试验的抗体不能用于免疫检测,否则会导致错误的结果。

五、思考题

1.植物激素的 ELISA 定量测定方法与其他检测植物激素的方法相比有哪些优点?

2.为什么以标准激素物质的量的常用对数 $\lg n$ 为横坐标(x),对应的 $\ln[B_i/(B_0-B_i)]$ 为纵坐标(y)绘制标准曲线?

实验二十六　高效液相色谱法测定植物的内源激素含量

一、实验目的与原理

1. 目的：植物内源激素对植物的生长发育起着极其重要的调控作用，极微量就表现出明显的生理作用。但由于植物体内源激素浓度很低，而且植物体成分复杂，干扰组分多，分离时易被破坏，给激素的分析测定工作带来许多困难。酶联免疫法检测植物内源激素灵敏度高但重复性较低，高效液相色谱法适用于多类不同性质化合物的测定和分离，具有灵敏度高、选择性、重复性好及分析速度快等特点，是较为理想的植物内源激素分析方法。本实验介绍生长素（IAA）、赤霉素（GA）、玉米素（ZR）和脱落酸（ABA）四种激素的提取和测定方法。

2. 原理：高效液相色谱法在经典色谱法的基础上，引用了气相色谱的理论，具有高压、高速、高效、高灵敏度等优点。色谱仪中的分离系统包括固定相和流动相，溶于流动相的各组分经过固定相时，由于与固定相发生作用（吸附、分配、离子吸引、排阻、亲和）的大小、强弱程度不同，在固定相中滞留时间不同，从而先后从固定相中流出，进入检测器进行检测。

二、实验用品

1. 材料：小麦或水稻等植物叶片。

2. 试剂：100%甲醇（色谱纯），80%甲醇（分析纯），石油醚，乙酸乙酯，生长素、赤霉素、玉米素、脱落酸标准品。

3. 器材：Agilent 1200 液相色谱仪，研钵，布氏漏斗，旋转蒸发干燥器，分液漏斗，滤纸，微量注射器，0.45 μm 微孔滤膜。

三、实验内容与操作

1. 试验材料的处理：称取 1～2 g 样品，在冰浴下研磨成浆，加入 80% 的预冷甲醇 20 mL，保鲜膜密封，在 4℃ 冰箱里冷浸过夜。浸提液抽滤，10 mL 甲醇润洗研钵 2 次，过滤后与浸提液合并，40℃ 下减压蒸发至没有甲醇残余。剩余水相完全转移到三角瓶中。用 30 mL 石油醚萃取脱色 2 次，弃去醚相。加 0.01 g PVPP（交联聚乙烯吡咯烷酮），超声 30 min，抽滤。用 30 mL 乙酸乙酯萃取 3 次，合并酯相，40℃ 下减压蒸干。用甲醇（色谱纯）溶解残渣并定容 2 mL，经 0.45 μm 微孔滤膜过滤得待测液，保存于 4℃ 冰箱中。

2. 将色谱仪启动：启动步骤如下：

(1) 打开电脑和色谱各个模块的电源。

(2) 双击桌面"仪器—联机"，进入联机界面。

(3) 手动旋开泵处冲洗阀，右键单击"泵"图标，调节流速为 5 mL·min⁻¹，打开所有泵，系统开始冲洗，直到管线内（由溶剂瓶到泵入口）无气泡为止（一般为 5～10 min），切换通道继续

67

冲洗,直到所有要用通道无气泡为止,设流速为 0 mL·min^{-1},手动旋紧冲洗阀。

(4)点击"方法"—"新建方法",创建新的方法。右键单击"泵"图标,按照方法要求选择合适比例的流动相,设流速:1.0 mL·min^{-1}。右键单击"检测器"图标,波长设置为 254 nm,打开检测器,待基线稳定后约 10 min 即可正式测定。

3.测定

(1)标准曲线的绘制:取一定量生长素、赤霉素、玉米素和脱落酸标准品,用甲醇(色谱纯)溶解,配制成不同浓度的溶液,点击"运行控制"菜单,选择"运行方法",手动或自动进样器进样 10～30 μL,进行液相检测分析。在一定浓度范围内,四种激素峰面积与浓度呈良好的线性关系时,即可绘制标准曲线。

(2)测定:取同样量的待测样品,进样。待样品峰全部出完后,冲洗 30 min,即可做下一个样品。

(3)定性:样品中与标准品保留时间相同的峰,即为样品的激素峰。

4.得到所有样品色谱图后,可关机。关机步骤如下:

(1)关机前,用甲醇充分冲洗系统大约 30 min(色谱柱最终应保存在甲醇或乙腈中)。

(2)退出化学工作站,关闭各泵及其他窗口,关闭计算机。

(3)关闭液相色谱仪各模块电源开关。

5.通过样品的峰面积以及标准曲线,计算出样品中各激素的含量。

四、注意事项

1.柱压上限:建立的液相方法其柱压上限应小于 3 800 psi。

2.流动相的使用:任何流动相必须用 0.45 μm 滤膜抽滤两遍,其 pH 及流动相的选择必须在色谱柱允许范围内。

3.样品的处理:样品进样前必须过 0.45 μm 的滤膜,其 pH、分子量大小、在流动相中的溶解性及纯度必须符合要求。

五、思考题

1.植物激素的定量测定方法有哪些?各有何优缺点?

2.应用液相色谱法测定几种激素含量时,应注意哪些问题?

实验二十七　气相色谱法测定乙烯含量

一、实验目的与原理

1. 目的：乙烯（ethylene）是植物内源激素之一，以气体形式存在，对植物体具有多种生理功能。乙烯释放量因不同品种植物、不同组织、所处的不同发育阶段及不同环境条件而不同。准确测定乙烯释放量，对认识乙烯在植物抗逆生理、发育生理、开花生理中的作用具有重要意义。本实验掌握气相色谱法测定乙烯含量的原理和方法。

2. 原理：气相色谱具有灵敏度高、稳定性好等优点。色谱仪中的分离系统包括固定相和流动相。由于固定相和流动相对各种物质的吸附或溶解能力不同，因此，各种物质的分配系数（或吸附能力）不一样。当含混合物的待测样（如含乙烯的混合气）进入固定相以后，

不断通以流动相（通常为 N_2 或 H_2），待测物不断地再分配，最后，依照分配系数大小顺序依次被分离，并从色谱柱流出、进入检测系统得到检测。检测信号的大小反映出物质含量的多少，在记录仪上就呈现色谱图（图 27-1）。要使待测物得到充分的分离，就需要一种合适的固定相。乙烯往往与乙炔、乙烷难以分离，而采用 GD×502 作为固定相则可获得良好的分离效果。

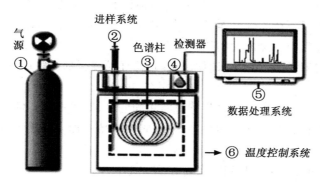

图 27-1　气相色谱测定系统

二、实验用品

1. 材料：苹果、香蕉等水果，或其他植物材料。
2. 试剂：标准乙烯。
3. 器材：密封装置为带空心橡皮塞的三角瓶或真空干燥器，气相色谱仪（Agilent 7890A，或 163 型 Hitachi）。

三、实验内容与操作

1. 将试验材料进行不同的处理(如离体、伤害、发芽、黑暗、辐射、冷藏、催熟等),然后置于密封装置中一段时间。

2. 将色谱仪启动。启动步骤如下:

(1)检测仪器各部件是否复位,若没有,需复位。

(2)打开流动相(N_2),将压力调至(5 kg·cm^{-2}),然后打开仪器上的 N_2 阀,将流速调至 25 mL·min^{-1}(管道1,2一样)。

(3)插上电源,打开仪器上的电源开关。

(4)调节柱温至60℃,将进样口温度调至100℃(乙烯为气体,进样口温度不需太高)。

(5)打开点火装置电源及空气压缩机开关,调节适当的量程和衰减(关机时,量程应调至1,衰减为∞)。

(6)打开钢瓶氢气阀,调压力为 1.0 kg·cm^{-2}(两管道一样),同时将空气压力调至 0.5 kg·cm^{-2}。打开记录仪电源,并选择 10 mV 的输出电压和适当的走纸速度(10 mm·min^{-1})。

(7)空气和氢气调好后,将选择键打到 ON 位置,按点火键10 s左右,氢气即可在燃烧室燃烧,点火点着时,可以看到记录笔向上移动。

(8)将选择键调到2,并将空气压力调至 1.0 kg·cm^{-2},氢气调至 0.5~0.7 kg·cm^{-2} 之间(两管道一样),待基线稳定后即可正式测定。

3. 测定:

(1)取一定浓度(单位为 μL·L^{-1},以 N_2 作为稀释剂),一定量(100~1 000 μL)的标准乙烯进样,并注意出峰时间。待乙烯峰至顶端时即为乙烯的保留时间,重复3~4次,得到平均值,该平均值即作为样品中乙烯定性的依据之一。

(2)取同样量的待测样品,注入色谱柱(进样),待样品峰全部出完后,即可做下一个样品。

(3)定性:

①外标法定性:样品中与标准乙烯保留时间相同的峰,即为样品乙烯峰。

②内标法定性:在得到某一样品的色谱图后,向该样品中加入一定量的标准乙烯进样,若某峰增高,该峰即为样品中乙烯峰。

4. 得到所有样品色谱图后,可关机,关机步骤如下:

(1)关掉氢气总阀或氮气总阀。

(2)关掉空气压缩机。

(3)将量程或衰减复位,选择键打到 OFF。

(4)关掉记录仪。

(5)待 H_2、N_2 全部排完后,将所有阀复位。

(6)关掉主机电源,并拔下插头。

5. 结果计算:

$$样品的乙烯含量(μL·L^{-1}) = \frac{A_x \times c_s}{A_s}$$

$$样品的乙烯生成速率(\mu L \cdot g^{-1} \cdot h^{-1}) = \frac{样品乙烯浓度 \times V}{t \times W}$$

式中：A_x—样品峰高；

A_s—标准乙烯峰高；

c_s—标准乙烯浓度，$\mu L \cdot L^{-1}$；

V—容积体积，L；

t—密封时间，h；

W—样品质量，g。

四、注意事项

1. 新色谱柱含有溶剂和高沸点物质，所以基线不稳，出现鬼峰和噪声；旧柱长时间未用，也存在同样问题。一般视仪器基本情况，确定是否需要老化以及老化时间。常用升温老化，即从室温程序升温到最高温度，并在高温段保持数小时。新柱老化时，最好不要连接检测器。

2. 点火时，FID 检测器温度务必在 120℃ 以上。点火困难时，适当增大氢气流速，减小空气流速，点着后再调回原来的比例。检测器要高于柱温 20～50℃，防水冷凝。

3. 定期清洗喷嘴，注意线性范围与以下条件有关：一般用 N_2 作载气，载气要净化，除有机物；气体流量比等。

4. FID 检测器防氢气泄漏，切勿让氢气泄漏入柱恒温箱中，以防爆炸。注意以下几点：在未接色谱柱和柱试漏前，切勿通氢气；卸色谱柱前，先检查一下，氢气是否关好；如果是双柱双检测器色谱仪，只有一个 FID 检测器工作时，务必要将另一个不用的 FID 用闷头螺丝堵死；防烫伤，因为 FID 外壳很烫。

五、思考题

1. 根据实验结果说明乙烯的生理作用。

2. 气相色谱法测定乙烯含量过程中应注意些什么？

实验二十八　赤霉素对 α-淀粉酶诱导合成的影响

一、实验目的与原理

1. 目的:掌握利用赤霉素(GA$_3$)诱导合成的 α-淀粉酶降解淀粉,使淀粉遇碘呈蓝紫色的颜色反应减弱来测定 α-淀粉酶活性的方法。加深对赤霉素诱导 α-淀粉酶合成的生理特性的认识。

2. 原理:种子萌发时,胚乳内储藏的淀粉发生水解作用,产生还原糖。目前已经清楚,赤霉素是诱导大麦糊粉层细胞内 α-淀粉酶合成的化学信使,当种子吸胀后,首先由胚分泌赤霉素,并释放到胚乳的糊粉层细胞中,诱导 α-淀粉酶的合成。新合成的 α-淀粉酶进入胚乳,可催化胚乳中储存的淀粉水解形成短链糊精和少量麦芽糖及葡萄糖,为种子的萌发和幼苗的生长提供能量物质。外加的 GA$_3$ 能代替胚所分泌的赤霉素的作用,诱导胚乳糊粉层细胞 α-淀粉酶的合成。在一定的浓度范围内,加入 GA$_3$ 的量与合成的 α-淀粉酶活性成正比。根据淀粉遇碘呈蓝紫色的反应特性,可以检验 α-淀粉酶活性。本实验利用 GA$_3$ 诱导种子合成的 α-淀粉酶,降解淀粉使蓝紫色消失的反应,来判断 GA$_3$ 对 α-淀粉酶的影响。

二、实验用品

1. 材料:大麦(或小麦)种子。

2. 试剂。1‰次氯酸钠溶液;淀粉磷酸盐溶液:可溶性淀粉 1 g 和 KH$_2$PO$_4$ 8.16 g,用蒸馏水溶解后定容到 1 000 mL;2×10^{-5} mol·L^{-1} 赤霉素溶液:将 6.8 mg 赤霉素溶于少量 95%乙酸中,加蒸馏水定容至 100 mL,浓度即为 2×10^{-5} mol·L^{-1},然后稀释成 2×10^{-6} mol·L^{-1}、2×10^{-7} mol·L^{-1}、2×10^{-8} mol·L^{-1};0.5 mmol·L^{-1} 醋酸缓冲液(pH 4.8):每毫升缓冲液中含有链霉素 1 mg;I$_2$-KI 溶液:0.6 g KI 和 0.06 g I$_2$ 溶于 1 000 mL 0.05 mol·L^{-1} HCl 中。

3. 器材:分光光度计,恒温箱,试管,青霉素瓶,移液管,烧杯,镊子,单面刀片,试管架等。

三、实验内容与操作

(一)制作标准曲线

1. 以淀粉磷酸盐溶液(含淀粉 1 000 μg·L^{-1})为母液,用蒸馏水将其稀释成 0 μg·L^{-1}、10 μg·L^{-1}、50 μg·L^{-1}、100 μg·L^{-1}、150 μg·L^{-1}、200 μg·L^{-1}、250 μg·L^{-1}、300 μg·L^{-1}、350 μg·L^{-1} 的淀粉磷酸盐溶液。

2. 取 9 支试管分别加入上述不同浓度的淀粉磷酸盐溶液各 2 mL。然后加 I_2-KI 溶液 2 mL 和蒸馏水 5 mL,充分摇匀。

3. 在 580 nm 波长处比色,以 0 浓度作空白校正仪器零点,准确读出各浓度的吸光度值。

4. 以淀粉的不同浓度为横坐标,以吸光度值为纵坐标,绘制标准曲线。

(二)材料培养

1. 选取大小一致的大麦种子 50 粒,用刀片将每粒种子横切成两半,使之成无胚和有胚各半粒。

2. 将无胚和有胚的半粒种子分别置于新配制的 1‰ 次氯酸钠溶液中消毒 15 min,取出用无菌水冲洗数次,备用。

(三)淀粉酶的诱导

1. 取 6 个青霉素小瓶,编号。

2. 按表 28-1 加入各种溶液及材料。

3. 将上述小瓶于 25℃ 下培养 24 h(最好进行振荡培养,如无条件,则必须经常摇动小瓶)。

(四)淀粉酶活性测定

1. 从上述每个小瓶中吸取培养液 0.2 mL,分别加入事先盛有 1.8 mL 淀粉磷酸盐溶液(含淀粉 1 000 $\mu g \cdot L^{-1}$)的试管中,摇匀,在 30℃ 恒温箱中保温 10 min。

2. 每一试管中加 I_2-KI 溶液 2 mL 和蒸馏水 5 mL,并充分摇匀。

3. 在 580 nm 波长下进行比色,测定其吸光度,调整仪器零点的溶液应与标准曲线相同。准确读出各溶液的吸光度值,然后由标准曲线查得各溶液中淀粉的含量。

4. 以单位体积酶液单位时间内所分解的淀粉量来表示淀粉酶活性(mg · mL^{-1} · min^{-1})。

(五)实验结果

以赤霉素浓度的对数为横坐标,α-淀粉酶活性为纵坐标作图,分析赤霉素浓度与 α-淀粉酶活性之间的关系。

表 28-1　赤霉素对 α-淀粉酶诱导合成的影响

瓶号	含链霉素的醋酸缓冲液/mL	赤霉素溶液		材料
		浓度/mmol · L^{-1}	用量/mL	
1	1	0	1	10 个有胚半粒
2	1	0	1	10 个无胚半粒
3	1	2×10^{-2}	1	10 个无胚半粒
4	1	2×10^{-3}	1	10 个无胚半粒
5	1	2×10^{-4}	1	10 个无胚半粒
6	1	2×10^{-5}	1	10 个无胚半粒

四、注意事项

横切种子时,一定要使无胚的一半完全无胚,以免因胚的存在使结果出现偏差。

五、思考题

根据本实验的结果,分析不同浓度的赤霉素对 α-淀粉酶合成的诱导作用。

实验二十九　种子生活力的快速测定

一、实验目的与原理

1. 目的:植物种子的生活力是指种子发芽的潜在能力,或种胚具有的生活能力。种子的生活力是种子的农艺性状、储藏和加工质量的重要指标之一,常常在进行批量检验、良种等级和播种量确定时要求快速准确测定种子生活力。以生活力代表发芽潜力并与发芽率一致,这对农业生产和经营产业尤为重要,而直接发芽法需要时间长,可能遇到休眠种子无法确定的缺陷。本实验介绍几种快速测定种子生活力的方法。

2. 原理:

(1)氯化三苯基四氮唑(TTC)法:凡有生活力的种胚在呼吸作用过程中都有氧化还原反应,而无生活力的种胚则无此反应。当 TTC 溶液渗入种胚的活细胞内,并作为氢受体被脱氢辅酶($NADH_2$ 或 $NADPH_2$)还原时,可产生红色的三苯基甲腊(TTF),胚便染成红色。当种胚生活力下降时,呼吸作用明显减弱,脱氢酶的活性亦大大下降,胚的颜色变化明显,故可由染色的程度推知种子的生活力强弱。TTC 还原反应如下:

$$\text{TTC(无色)} \xrightarrow[]{Cl^- \ +2H^+} \text{TTF(红色)} + HCl$$

(2)红墨水染色法:有生活力的种子其胚细胞的原生质具有半透性,具有选择吸收外界物质的能力,如红墨水中的染料成分酸性大红 G 不能进入细胞内,胚部不染色。而丧失活力的种子胚部细胞原生质膜丧失了选择吸收的能力,染料进入细胞内使胚部染色,所以可根据种子胚部是否染色来判断种子的生活力。

二、实验用品

1. 材料:玉米、小麦、水稻、高粱、油菜、棉花、荞麦、蓖麻、花生、甜菜、白菜、大麻、向日葵、大豆、菜豆、亚麻、二叶草等各类植物种子。

2. 试剂:

TTC 溶液的配制:取 3 g TTC 溶于 1 L 蒸馏水或冷开水中(如不易溶解,可先加少量酒精,使其溶解后再加水),配制成 0.1% 的 TTC 溶液,pH 6.5~7.5。

红墨水溶液:取市售红墨水稀释 20 倍(1 份红墨水加 19 份自来水)作为染色剂。

3．器材：培养皿，镊子，单面刀片，垫板(切种子用)，烧杯，棕色试剂瓶，解剖针，搪瓷盘，pH 试纸，恒温箱，天平，滤纸，漏斗，紫外荧光灯等。

三、实验内容与操作

(一)氯化三苯基四氮唑(TTC)法

1．将玉米、小麦等作物的新种子、陈种子或死种子，用温水(30℃)浸泡 2～6 h，使种子充分吸胀。

2．随机取种子 2 份，每份 50 粒，沿种胚中央准确切开，取每粒种子的一半备用。

3．把切好的种子分别放在培养皿中，加 TTC 溶液，以浸没种子为度。

4．将种子放入 30～35℃的恒温箱内保温 30 min。也可在 20℃左右的室温下放置 40～60 min。

5．保温后，倾出药液，用自来水冲洗 2～3 次，立即观察种胚着色情况，判断种子有无生活力，把判断结果记入表 29-1 中。

表 29-1　TTC 还原法测定种子生活力记录表

种子名称		
供试数/粒		
有生活力种子数/粒		
无生活力种子数/粒		
有生活力种子占供试种子的百分数/％		

(二)红墨水染色法

1．先将待测种子用水浸泡 3～4 h，待充分吸胀后取出一部分种子，在沸水中煮沸 3～5 min，作为死种子。

2．取浸好的新种子、陈种子和死种子各 50 粒，如为小麦和玉米，则用单面刀片沿胚部中线纵切成两半，其中一半用于测定。

3．将准备好的种子分别放在培养皿内，加入红墨水溶液，以浸没种子为度。

4．染色 10～20 min 后倾出溶液，用自来水反复冲洗种子，直到所染颜色不再洗出为止。

5．对比观察冲洗后的新种子、陈种子和死种子胚部着色情况。凡胚部不着色或略带浅红色者，即为具有生活力的种子，若胚部染成与胚乳相同的红色，则为死种子，把测定结果记入表 29-1(同 TTC 法)。

四、注意事项

1．TTC 溶液最好现用现配，如需贮藏则应贮于棕色瓶中，放在阴凉黑暗处，如溶液变红则不可再用。

2．TTC 法染色温度一般以 25～35℃为宜，显色结束后，要立即鉴定，放久会褪色。

3．TTC 法对于不同作物种子生活力的测定，所需试剂浓度、浸泡时间、染色时间不同。现将主要作物种子生活力测定所需要的条件列入表 29-2 中。

表 29-2 TTC 法测定主要作物种子生活力的要点

作物	种子准备	TTC 浓度/%	35℃染色时间/h
水稻	去壳纵切	0.1	2～3
高粱、玉米及麦类作物	纵切	0.1	0.5～1
棉花、荞麦、蓖麻、油菜	剥去种皮	1.0	2～3
花生、甜菜、大麻、向日葵	剥去种皮	0.1	3～4
大豆、菜豆、亚麻、二叶草	无须准备	1.0	3～4
林木	去果皮或种皮	0.5	3～4
鸭茅	横切或挑破	1.0	2～3

五、思考题

1. 种子生活力试验结果与实际种子的发芽率情况是否相符？为什么？

2. 试比较 TTC 法、红墨水法测定的结果是否相同。为什么？

实验三十　植物根系活力的测定

一、实验目的与原理

1.目的:植物的根系是肥水的主要吸收器官,又是物质同化、转化和合成的器官,因此,根系的生长情况和活动直接影响植物个体的生长情况、营养水平和产量水平。根系的活力是植物生长的重要生理指标之一。本实验的目的是掌握α-萘胺氧化法和TTC法测定植物根系活力的原理和方法。

2.原理:

(1)α-萘胺氧化法:植物的根系能氧化吸附在根表面的α-萘胺,生成红色的α-羟基-1-萘胺,沉淀于有氧化力的根表面,使这部分根染成红色。根对α-萘胺的氧化能力与其呼吸强度有着密切关系。所以,可以根据染色深浅定性地判断根的活力;也可以测定溶液中未被氧化的α-萘胺量,以确定根系活力的大小。α-萘胺在酸性环境中与对氨基苯磺酸(磺胺)和亚硝酸盐作用生成红色的偶氮染料,可供比色测定α-萘胺含量。其反应式如下:

对氨基苯磺酸　　　　　　　　　重氮化合物

α-萘胺　　　　重氮化合物　　　　　　对-苯磺酸-偶氮-α-萘胺

(2)TTC法:TTC是氯化三苯基四氮唑(2,3,5-tripheyl tetrazolium chliride)的英文缩写,又名"红四氮唑",是标准的氧化还原色素(还原前的电位为80 mV),溶于水后呈无色的溶液。具有生活力的根在呼吸代谢过程中产生的还原物质NADP(P)$^+$ H$^+$等,能将无色的TTC还原成红色的TTF(三苯基甲膳)。其反应如下:

$$[C_6H_5-C \overset{N-N-C_6H_5}{\underset{N=N^+-C_6H_5}{|}}] Cl^- \xrightarrow{+2H^+} C_6H_5-C \overset{\overset{H}{N-N-C_6H_5}}{\underset{N=N-C_6H_5}{|}} + HCl$$

TTC(无色)　　　　　　　　　　　　　　TTF(红色)

生成的 TTF 不溶于水,但溶于某些有机溶剂(如甲醇和乙酸乙酯等),而且所生成的红色在空气中比较稳定(不会在空气中被自动氧化)。因此,TTC 是酶试验中被广泛应用的氢受体。TTC 还原量能表示脱氢酶活性,其颜色深浅与根系活力成正相关,并在波长 485 nm 处有最高吸收峰。因此,可用分光光度法定量测定 TTC 颜色的深浅,进而判断根系活力。根系活力的大小以其还原四氮唑的能力来表示。

二、实验用品

1. 材料:植物的根系。

2. 试剂。α-萘胺溶液:称取 α-萘胺 10 mg,先用 2 mL 左右的 95％酒精溶解,然后加水到 200 mL,配成 50 mg·L^{-1} 的溶液;另取 150 mL 50 mg·L^{-1} 的溶液再加水 150 mL,即配制成 25 mg·L^{-1} 的 α-萘胺溶液。

0.4％ TTC 溶液:称取 TTC 0.4 g,加入 95％乙醇少许使其溶解,然后用蒸馏水稀释至 100 mL。配好的溶液贮于棕色瓶中避光保存,若变红时不能使用,需重新配制。

1.0％对氨基苯磺酸:称取 1 g 对氨基苯磺酸溶于 100 mL 30％的醋酸溶液中。

亚硝酸钠溶液:称取 10 mg 亚硝酸钠溶于 100 mL 蒸馏水中。

0.1 mol·L^{-1} pH 7.0 磷酸缓冲液;0.2 mol·L^{-1} pH 7.0 磷酸缓冲液。

乙酸乙酯;保险粉($Na_2S_2O_4$);1 mol·L^{-1} H_2SO_4 溶液。

3. 仪器:分光光度计、分析天平、恒温箱、具塞刻度试管、三角瓶、量筒、移液管、烧杯、镊子、单面刀片、研钵、漏斗等。

三、实验内容与操作

(一)α-萘胺氧化法测根系活力

1. 定性观察。从田间挖取水稻植株,用水冲洗根部附着的泥土,洗净后再用滤纸吸去附着在水稻根上的水分。然后将植株根系浸入盛有 α-萘胺溶液的容器中(α-萘胺的浓度为 25 mg·L^{-1}),容器的外面用黑纸包裹,静置 24～26 h 后观察水稻根系着色状况。着色深者其根系活力较大,着色浅者其根系活力较小。

2. 定量测定:

(1)绘制 α-萘胺标准曲线:取浓度为 50 mg·L^{-1} 的 α-萘胺溶液,配制成浓度为 50、45、40、35、30、25、20、15、10、5 mg·L^{-1} 的系列溶液,各取 2 mL 放入试管中,加蒸馏水 10 mL、1.0％对氨基苯磺酸溶液 1 mL 和亚硝酸钠溶液 1 mL,在室温下放置 5 min,混合液即变成红色,再加蒸馏水定容至 25 mL,在 20～60 min 内进行比色,波长为 510 nm,读取吸光度 A,然后以 A_{510} 为纵坐标、α-萘胺浓度为横坐标,绘制标准曲线。

(2)α-萘胺的氧化:挖出水稻植株,并用水洗净根系上的泥土,剪下它的根系,再用水洗,待洗净后用滤纸吸去根表面的水分。称取 1～2 g 根放在 100 mL 三角瓶中。然后加入 50 mg·L^{-1} 的 α-萘胺溶液与 0.1 mol·L^{-1} pH 7.0 磷酸缓冲液各 25 mL,轻轻振荡,并用玻璃棒将根全部浸入溶液中,静置 10 min 后,吸取 2 mL 溶液,测定 α-萘胺含量[测定方法见下面(3)],作为试验开始时的数值。再将三角瓶加塞,放在 25℃ 恒温箱中,经一定时间后再进行测定。另外,还要用一只三角瓶置同样数量的溶液,但不放根,作为 α-萘胺自动氧化的空白,也同样测定,求它自动氧化量的数值。

(3)α-萘胺含量的测定:吸取 2 mL 溶液,加入 10 mL 蒸馏水,再在其中加入 1% 对氨基苯磺酸溶液 1 mL 和亚硝酸钠溶液 1 mL,在室温中放置 5 min,待混合液变成红色,再用蒸馏水定容到 25 mL。在 20～60 min 内进行比色,选用波长 510 nm,读取光密度,查对标准曲线得相应的 α-萘胺浓度。

用试验开始(10 min)时的数值减去自动氧化的数值,即为溶液中所有的 α-萘胺量,再减去试验结束时的 α-萘胺量,即得试验期间为根系所氧化的 α-萘胺量。被氧化的 α-萘胺量以 μg·g^{-1}·h^{-1} 表示。

3.实验结果

按下列公式计算 α-萘胺的氧化强度,求出根活力大小。

$$\text{α-萘胺的氧化强度}(\mu g \cdot g^{-1} \cdot h^{-1}) = \frac{25 \times x}{w \times t}$$

式中:x—氧化的 α-萘胺浓度,μg·mL^{-1};

25—样品中被还原的 α-萘胺定容的量,mL;

w—样品鲜重,g;

t—氧化的时间,h。

(二)TTC 法测根系活力

1.显色:选取长度与粗度基本一致的根,切下根系,称重,装入 50 mL 烧杯内,分别加入 0.4% TTC 溶液和 0.1 mol·L^{-1} pH 7.0 磷酸盐缓冲液各 5 mL,充分混合,并使根尖切段完全浸入上述溶液中,置 37℃ 保温箱 1 h,使根尖切段显色(红色)。

2.测定:保温时间一到,立即加入 1 mol·L^{-1} H$_2$SO$_4$ 溶液 2 mL 以终止反应。取出根段,用滤纸吸干外附水分,置研钵中,加乙酸乙酯 3～4 mL 研磨(不加石英砂)。将提取的红色 TTF 小心倒入刻度试管,残渣用乙酸乙酯冲洗 2～3 次,直至洗液不带红色为止。全部洗液合并于试管中,最后用乙酸乙酯定容至 20 mL;摇匀后,以乙酸乙酯为对照,于 485 nm 下比色,记录 OD 值。

3.标准曲线绘制:取 0.4% TTC 溶液 0.4 mL,加乙酸乙酯 19.6 mL 和少量保险粉,充分摇动,所生成的红色 TTF 溶液作为已知母液。取干洁试管 6 支(1～6 号),依次加入上述母液 0、1.0、2.0、3.0、4.0、5.0 mL,再依次加入乙酸乙酯 20.0、19.0、18.0、17.0、16.0、15.0 mL,每管含 TTF 为 0、40、80、120、160、200 μg。混匀后于 485 nm 下比色,记录 OD 值,绘制标准曲线。

4.结果计算

$$根系活力(\mu g\ TTF \cdot g^{-1} \cdot h^{-1}) = \frac{C \times M}{W \times t}$$

式中:W—根尖重,g;

  C—从标准曲线上查得的 TTF,μg;

  M—提取液稀释倍数;

  t—显色时间,h。

四、注意事项

1.注意记录 α-萘胺的氧化时间,α-萘胺溶液尽量现配现用。

2.TTC 溶液贮于棕色瓶中,避光贮存并放入冰箱中,最好现配现用。

五、思考题

1.植物的根系活力受哪些因素的影响?

2.植物的根系活力与植物的呼吸作用有何关系?

実験内容...

实验三十一　花粉活力的测定

一、实验目的与原理

1.目的:在作物杂交育种、作物结实机理和花粉生理的研究中,常涉及花粉活力的鉴定。通过花粉活力的测定,可以了解花粉的可育性,并掌握不育花粉的形态和生理特征。掌握花粉活力快速测定的方法,是进行雄性不育株的选育、杂交技术的改良以及揭示内外因素对花粉育性和结实率影响的基础。

2.原理:

(1)花粉萌发测定法:正常的成熟花粉具有较强的活力,在适宜的培养条件下便能萌发和生长;在显微镜下可直接观察计算其萌发率,以确定其活力。

(2)碘-碘化钾染色测定法:多数植物正常的成熟花粉粒呈球形,积累较多的淀粉,I_2-KI溶液可将其染成蓝色。发育不良的花粉常呈畸形,往往不含淀粉或积累淀粉较少,I_2-KI溶液染色呈黄褐色。因此,可用I_2-KI溶液染色来测定花粉活力。

(3)氯化三苯基四氮唑(TTC)法:具有活力的花粉呼吸作用较强,其产生的$NADH_2$或$NADPH_2$可将无色的TTC(2,3,5-氯化三苯基四氮唑)还原成红色的TTF(三苯基甲腊)而使其本身着色,无活力的花粉呼吸作用较弱,TTC的颜色变化不明显,故可根据花粉吸收TTC后的颜色变化判断花粉的生活力。

二、实验用品

1.材料:葫芦科植物、水稻、小麦等花粉。

2.试剂:

培养基:称量10 g蔗糖、1 mg硼酸、0.5 g琼脂与90 mL水放入烧杯中,在100℃水浴中熔化,冷却后加水至100 mL备用。

I_2-KI溶液:取2 g KI溶于5～10 mL蒸馏水中,加入1 g I_2,待完全溶解后,再加蒸馏水300 mL。贮于棕色瓶中备用。

0.5% TTC溶液:称0.5 g TTC放入烧杯中,加入少许95%酒精使其溶解,然后用蒸馏水稀释至100 mL。溶液避光保存,若发红时,则不能再用。

3.器材:载玻片,显微镜,玻璃棒,恒温箱,培养皿,滤纸,载玻片与盖玻片,镊子,棕色试剂瓶,烧杯,量筒,天平。

三、实验内容与操作

(一)花粉萌发测定法

1.将培养基熔化后,用玻璃棒蘸少许,涂布在载玻片上,放入垫有湿润试纸的培养皿中,

82

保湿备用。

2.采集丝瓜、南瓜或其他葫芦科植物刚开放或将要开放的成熟花朵,将花粉洒落在涂有培养基的载玻片上,然后将载玻片放置于垫有湿滤纸的培养皿中,在25℃左右的恒温箱(或室温20℃条件)中孵育,5～10 min后在显微镜下检查5个视野,统计其萌发率。

(二)碘-碘化钾染色测定法

采集水稻、小麦或玉米可育和不育植株的成熟花药,取一花药于载玻片上,加1滴蒸馏水,用镊子将花药捣碎,使花粉粒释放,再加1～2滴I_2-KI溶液,盖上盖玻片,在显微镜下观察。凡是被染成蓝色的为含有淀粉的活力较强的花粉粒,呈黄褐色的为发育不良的花粉粒。观察2～3张片子,每片取5个视野,统计花粉的染色率,以染色率表示花粉的育性。

(三)氯化三苯基四氮唑(TTC)法

采集植物的花粉,取少许放在干洁的载玻片上,加1～2滴0.5％TTC溶液,搅匀后盖上盖玻片,置35℃恒温箱中,10～15 min后镜检,凡被染为红色的花粉活力强,淡红色次之,无色者为没有活力或不育花粉。观察2～3张片子,每片取5个视野,统计花粉的染色率,以染色率表示花粉的活力百分率。

四、注意事项

1.花粉萌发测定法中不同种类植物的花粉萌发所需温度、蔗糖和硼酸浓度不同,应依植物种类而改变培养条件。

2.碘-碘化钾染色测定法不能准确表示花粉的活力,也不适用于研究某一处理对花粉活力的影响。因为三核期退化的花粉已有淀粉积累,遇碘呈蓝色反应。另外,含有淀粉而被杀死的花粉粒遇I_2-KI也呈蓝色。

3.不是所有植物的花粉都能在本实验介绍的培养基上萌发,本法适用于易于萌发的葫芦科等植物花粉活力的测定。其他植物花粉萌发培养基可查阅有关实验指导。

五、思考题

1.上述每一种方法是否适合于所有植物花粉活力的测定?

2.哪一种方法更能准确地反映花粉的活力?

实验三十二　植物花粉管生长的测定

一、实验目的与原理

1. 目的：熟悉测定花粉管生长的方法及影响生长的主要因素。

2. 原理：成熟花粉具有较强的生活力，在适宜的培养条件下便能萌发和生长。花粉的萌发和生长情况与植物种类、花粉成熟度、气候和培养条件等有关。实验中通过改变培养条件，利用正交实验法测定花粉管长度，可以找出促进花粉管生长的最佳培养条件。

二、实验用品

1. 材料：刚开放或将要开放的成熟花朵。

2. 试剂：培养基（在配制培养基时，琼脂浓度不变，硼酸、蔗糖的浓度改变，以观察何种组合更适于花粉萌发和生长。若培养基不是当天使用，则需要高压灭菌）。

3. 器材：恒温箱，显微镜，目镜测微尺，物镜测微尺，花粉培养小室，镊子，载玻片，盖玻片。

三、实验内容与操作

1. 培养基配制

表 32-1　培养基配制方案

实验组号	蔗糖含量/%	硼酸浓度/(μg·mL^{-1})
1	5	20
2	5	40
3	10	20
4	10	40
5	15	20
6	15	40

pH 调至 7.0，高温灭菌。

2. 实验步骤

(1) 采取刚开放或将要开放的成熟花朵。

(2) 制备培养小室：在干洁的载玻片上放一只直径 15 mm，高 5 mm 的玻璃环（图 32-1）。

(3) 在干洁盖玻片中央滴 1 滴培养基溶液，然后将花粉粒少许散放于培养基上。

(4) 在 25℃温箱中培养 45～60 min 后，即用 0.1 mol·L^{-1} NaOH 溶液终止生长，置于

84

低倍显微镜下观测，并用测微尺计算花粉管长度。每种处理观测 50 个花粉管长度，然后求其平均值。

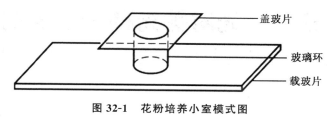

图 32-1　花粉培养小室模式图

四、注意事项

花粉应均匀地撒于培养基上，以免影响以后观察。

五、思考题

1. 从结果统计分析中找出适于花粉萌发和生长的最优组合。
2. 比较不同植物花粉管生长的速度。

实验三十三　光对需光种子萌发的影响

一、实验目的与原理

1.目的:了解需光种子对光的需求及光敏色素如何调节需光种子的萌发。

2.原理:种子能否正常萌发,首先由其内部因素决定,此外还受外界条件(光照、温度、水分、氧气)的影响。尤其是需光种子(如莴苣、烟草、拟南芥等种子)需光的刺激才能萌发。对需光种子而言,白光和波长为 660 nm 的红光可促进其萌发,而红光效应可为随后的远红光(730 nm)所逆转,这主要是通过光敏色素来调控的。光敏色素在植物体内主要有两种形式:Pr(红光吸收型)和 Pfr(远红光吸收型)。Pr 无生理活性,吸收红光后转化为具有生理活性的Pfr,相反,Pfr 吸收远红光后转化为 Pr。由于种子内部的光敏色素吸收了这两种光后,能够发生可逆的光化学反应,然后引起系列生理生化反应,从而促进或抑制种子的萌发。

二、实验用品

1.材料:拟南芥(或莴苣、烟草、独行菜、洋地黄等)需光种子。

2.试剂:蒸馏水。

3.器材:恒温箱,培养皿,黑纸或黑布,圆形滤纸,红光、远红光光源装置。红光以红色荧光灯作为光源,经红光滤膜而获得;远红光以远红光荧光灯作为光源,经远红光滤膜而获得。

三、实验内容与操作

(一)实验方法 1(无红光和远红光光源)

1.取 6 套直径为 10 cm 的干净培养皿,将培养皿编号(①～⑥),并在培养皿内放入两层圆形滤纸。

2.分别于每个培养皿中各放入 30 粒均匀、饱满的拟南芥种子。

3.各皿中加入约 5 mL 蒸馏水,使滤纸和种子完全湿润。随即将单号培养皿用黑纸或黑布包好放入遮光的 25℃恒温箱中;双号培养皿放置于具有白色光源的 25℃恒温箱中,培养72 h(每天加入适量蒸馏水,保持湿润)。

(二)实验方法 2(有红光和远红光光源)

1.安装红光、远红光光源,调节材料与滤膜的距离以获得所需的光强:红光 5.0 W·m^{-2},远红光 2.5 W·m^{-2}。

2.取 6 套直径为 10 cm 的干净培养皿,将培养皿编号(①～⑥),并在培养皿内放入两层圆形滤纸。

3.分别于每个培养皿中各放入 30 粒均匀、饱满的拟南芥种子。

4.各皿中加入约 5 mL 蒸馏水,使滤纸和种子完全湿润。黑暗中(25～27℃)吸涨 6 h 后,做如下处理(表 33-1),在 25℃条件下培养 72 h(每天加入适量蒸馏水,保持湿润)。

表 33-1　拟南芥种子不同处理方法的萌发率　　　　　　　　　　　　　　　%

处理方法	培养 72 h 的萌发率
连续黑暗	
红光 5 min→黑暗	
远红光 5 min→黑暗	
红光 5 min→远红光 5 min→黑暗	
红光 5 min→远红光 5 min→红光 5 min→黑暗	
红光 5 min→远红光 5 min→红光 5 min→远红光 5 min→黑暗	

(三)实验结果

以胚根突破种皮为种子萌发的标志,分别统计每个培养皿中萌发的种子数,计算种子的萌发率。

$$种子萌发率 = \frac{种子的萌发数}{实验种子数} \times 100\%$$

四、注意事项

1.暗中培养的培养皿在放入恒温箱,加水和存放期间应注意避光。

五、思考题

1.比较各培养皿中种子的萌发率,分析其差异原因。

2.光敏色素的生理作用有哪些?如何证明植物的某一生理过程与光敏色素有关。

实验三十四　植物春化作用和光周期现象的观察

一、实验目的与原理

1.目的:植物花芽的发育过程常常受到环境因素,特别是温度和光周期的影响。研究植物花芽分化所需要的外界条件,对研究花芽分化机理和调控植物发育都十分重要。

2.原理:

(1)植物春化现象:冬性作物(如冬小麦)在其生长发育过程中,必须经过一段时间的低温,生长锥才能开始分化,称为植物春化现象。可以用检查生长锥分化以及对植株拔节、抽穗的观察来确定植物是否已通过春化,这在生产和科研中有一定的应用价值。

(2)植物光周期现象:许多植物需经过一定的昼夜光暗交替才能开花,称为光周期现象。已知暗期的长短是决定能否开花的关键,而叶片是感受光周期效应的器官。在一定的光周期条件下,叶内形成某些特殊的代谢产物,传递到生长点,导致生长点形成花芽。本实验以短日植物为材料,在自然光照条件下,给予短日照、间断白昼、间断黑夜等处理,以了解昼夜光暗交替及光照长度对短日植物开花结实的影响。

二、实验用品

1.材料:冬小麦等长日植物种子,大豆、水稻、菊花、苍耳等短日植物。

2.器材:冰箱,解剖镜,镊子,解剖针,载玻片,培养皿,黑罩(外面白色)或暗箱、暗柜或暗室;60～100 W日光灯或红色灯泡,光源定时开关自动控制装置等。

三、实验内容与操作

(一)植物春化现象观察

1.选取一定数量的冬小麦种子(最好用强冬性品种),分别于播种前50 d、40 d、30 d、20 d和10 d吸水萌动,置于培养皿内,放在0～5℃的冰箱中进行春化处理。

2.于春季(约在3月下旬或4月上旬)从冰箱中取出经不同天数处理的小麦种子和未经低温处理但使其萌动的种子,同时播种于花盆或实验地中。

3.麦苗生长期间,各处理进行同样的肥水管理,随时观察植株生长情况。当春化处理天数最多的麦苗出现拔节时,在各处理中分别取1株麦苗,用解剖针剥出生长锥,并将其切下,放在载玻片上,加1滴水,在解剖镜下观察,并作简图。比较不同处理的生长锥有何区别。

4.继续观察植株生长情况,直到处理天数最多的麦株开花时。将观察情况记入表34-1中。

表 34-1　植株生长情况记录表

材料名称：　　　　品种：　　　　春化温度：　　　　播种时间：

观察日期	春化天数及植株生育情况记载					
	50 d	40 d	30 d	20 d	10 d	对照（未春化）

（二）植物光周期现象观察

将大豆、水稻、菊花、苍耳等短日植物栽培在长日条件下（每天日照时数在 18 h 以上），当大豆幼苗长出第一片复叶，或苍耳、水稻幼苗长出 5～6 片叶（夜温在 18～20℃以上）后，即按表 34-2 方法给予不同处理，一般情况下连续处理 10 d 后即可完成，苍耳只需 1～2 d 即可。

表 34-2　昼夜光暗交替及不同光照长度处理下植物开花情况记录表

处理	光　周　期	开花/不开花
短日照	每日照光 8 h（早上 8:00 至下午 4:00）	
间断白昼	每日中午 11:30 至下午 2:30 移入暗处（或用黑罩布）间断白昼 3 h	
间断黑夜	在短日照处理基础上，夜晚 12:00 至凌晨 1:00 照光 1 h，以间断黑夜	
对照	自然光照条件	

经上述处理后记下各处理大豆、苍耳现蕾期或水稻始穗期，也可参照本实验第一项剥离生长锥的方法观察花器官发育进程，并与对照做比较。

四、注意事项

1. 注意实验材料的品种差异及品种的地域差异。
2. 注意冬小麦品种的地域差异。

五、思考题

1. 春化处理天数多与天数少的冬小麦抽穗时间有无差别，为什么？
2. 幼苗经不同光周期处理后，花期有的较对照提前，有的与对照相当，应如何解释？

实验三十五　植物组织逆境伤害程度的测定

一、实验目的与原理

1. 目的：掌握植物在逆境或者其他损伤的情况下，细胞受伤害原理以及测量方法；掌握电导率的测定方法；学会运用统计学方法，对不同植物在冷害后其细胞损伤程度进行比较和分析。

2. 原理：小分子或生物大分子的电解质水溶液都可导电，电解质溶液导电服从欧姆定律。如在溶液中两电极加上外电压 V，通过的电流为 A，则两极间电阻为 R，即：

$$R = \frac{V}{A}$$

溶液的电阻大，导电能力就小，将溶液电阻的倒数定义为溶液的电导，代号为"G"（单位 S），即：

$$G = \frac{1}{R} = \frac{A}{V}$$

测定电解质溶液的电导，取面积为 1 cm² 的两片电极，相距 1 cm，中间 1 cm³ 溶液所表现的电导称为该溶液的电导率，也称比电导，

$$\kappa = GQ$$

κ 单位是 S·cm⁻¹，通常用 μS·cm⁻¹，式中 Q 表示电极常数，可用实验方法测定。

植物细胞膜对维持细胞的微环境和正常的代谢起着重要的作用，在正常情况下，细胞膜对物质具有选择透过能力。当植物受到逆境（如高温、低温、干旱、盐渍或病原菌侵染）影响时，细胞膜遭到破坏，使膜的功能受损或结构破坏，通透性增大，从而使细胞内的物质（尤其是电解质）大量外渗，从而引起组织浸泡液的电导率发生变化。伤害愈重，外渗愈多，电导度的增加也愈大。故可用电导仪测定外液的电导度增加值而得知伤害程度。

二、实验用品

1. 材料：植物叶片。

2. 试剂：去离子水。

3. 器材：DDS-11A 型或 DDS-11 型电导仪，真空泵（附真空干燥器），恒温水浴器，水浴试管架，20 mL 具塞刻度试管，打孔器、或双面刀片，10 mL 移液管或定量加液器，试管架，铝锅，电炉，镊子，剪刀，搪瓷盘，记号笔，滤纸，约 3 cm² 塑料纱网。

三、实验内容与操作

1. 容器的洗涤：电导法对水和容器的洁净度要求严格，水的电导值为 $1\sim20\ \mu S$；所用容器必须彻底清洗，再用去离子水冲净，倒置于洗净而垫有洁净滤纸的搪瓷盘中备用。为了检查试管是否洁净，可向试管中加入电导值在 $1\sim20\ \mu S$ 的新制去离子水，用电导仪测定是否仍维持原电导数据。

2. 试验材料的处理：分别在正常生长和逆境胁迫的植株上取同一叶位的功能叶若干片。若没有逆境胁迫的植株，可取正常生长的植株叶片若干片，分成 2 份，用纱布擦净表面灰尘。将其中 1 份放在 $-20℃$ 左右的温度下冷冻 20 min（或置于 $40℃$ 左右的恒温箱中处理 30 min）进行逆境胁迫处理。另 1 份裹入潮湿的纱布中放置在室温下作对照。

3. 测定：

（1）将处理组叶片与对照组叶片用去离子水冲洗 2 次，再用洁净滤纸吸净表面水分。用 $6\sim8$ mm 的打孔器避开主脉打取叶圆片（或切割成大小一致的叶块），每组叶片打取叶圆片 30 片，分装在 3 支洁净的刻度试管中，每管放 10 片。

（2）在装有叶片的各管中加入 10 mL 的去离子水，并将大于试管口径的塑料纱网放入试管距离液面 1 cm 处，以防止叶圆片在抽气时翻出试管。然后将试管放入真空干燥箱中用真空泵抽气 10 min（也可直接将叶圆片放入注射器内，吸取 10 mL 的去离子水，堵住注射器口进行抽气）以抽出细胞间隙的空气，当缓缓放入空气时，水即渗入细胞间隙，叶片变成半透明状，沉入水下。

（3）将以上试管置于室温下保持 1 h，其间要多次摇动试管，或者将试管放在振荡器上振荡 1 h。1 h 后将各试管充分摇匀，用电导仪测其初电导值（G_1）。

（4）测定完毕，将各试管盖塞封口，置沸水浴中 10 min，以杀死植物组织。取出试管后用自来水冷却至室温，并在室温下平衡 10 min，摇匀，测其终电导值（G_2）。

（5）另用一试管 10 mL 的去离子水（或蒸馏水）作空白，测定空白电导值 G_0（即本底值）。

4. 计算按式（35-1）计算相对电导度：

$$相对电导度(L)=G_1/G_2 \qquad (35\text{-}1)$$

相对电导度的大小表示细胞膜受伤害的程度。

由于对照（在室温下）也有少量电解质外渗，故可按式（35-2）计算由于低温或高温胁迫而产生的外渗，称为伤害度（或伤害性外渗）。

$$伤害度=\frac{L_T-L_{Ck}}{1-L_{Ck}}\times100\% \qquad (35\text{-}2)$$

式中：L_T——处理叶片的相对电导度；

L_{Ck}——对照叶片的相对电导度。

按式（32-3）计算相对电导度：

$$相对电导度(L)=\frac{G_1-G_0}{G_2-G_0}\times100 \qquad (35\text{-}3)$$

四、注意事项

1. CO_2 在水中的溶解度较高,测定电导时要防止高 CO_2 气源和口中呼出的 CO_2 进入试管,以免影响结果的准确性。

2. 温度对溶液的电导影响很大,故 G_1 和 G_2 必须在相同温度下测定。

3. 在电导度测定中一般应用去离子水,若制备困难可用普通蒸馏水代替,但需要设一空白试管,蒸馏水作空白,测定样品时同时测定空白电导值 G_0(即本底值)。

五、思考题

1. 测定电解质外渗量时,为何要对材料进行真空渗入?

2. 测定过程中为何要进行振荡?

实验三十六　植物组织中丙二醛含量的测定

一、实验目的与原理

1. 目的：了解丙二醛（malondialdehyde，MDA）在生物体形成的因素；重点掌握 MDA 测定的原理和测定方法；进一步熟悉和掌握分光光度计和离心机的使用方法和注意事项。

2. 原理：丙二醛（MDA）是膜脂过氧化分解的最终产物之一，其含量可以反映膜脂过氧化的程度，同时，MDA 在生物体内积累还会对细胞膜造成进一步的伤害，所以 MDA 的含量可以反映生物体衰老和遭受逆境伤害的程度。植物组织中的 MDA 在酸性条件下加热可与硫代巴比妥酸（TBA）产生显色反应，反应产物为粉红色的 3,5,5-三甲基噁唑 2,4-二酮。该物质在 532 nm 波长下有吸收峰。由于硫代巴比妥酸也可与其他物质反应，并在该波长处有吸收，为消除硫代巴比妥酸与其他物质反应的影响，在丙二醛含量测定时，同时测定 600 nm 下的吸光度，利用 532 nm 与 600 nm 下的吸光度的差值计算丙二醛的含量。

二、实验用品

1. 材料：4 种菠菜样品，即室温对照处理的绿色叶片和黄色叶片，高温处理的绿色叶片和黄色叶片。

2. 试剂：0.05 mol·L^{-1} pH 7.8 磷酸钠缓冲液；石英砂；5% 三氯乙酸溶液：称取 5 g 三氯乙酸，先用少量蒸馏水溶解，然后定容到 100 mL；0.5% 硫代巴比妥酸溶液：称取 0.5 g 硫代巴比妥酸，用 5% 三氯乙酸溶解，定容至 100 mL。

3. 器材：分光光度计，离心机，水浴锅，天平，研钵，剪刀，5 mL 刻度离心管，10 mL 刻度试管，镊子，5 mL、2 mL、1 mL 移液管，冰箱。

三、实验内容与操作

1. 丙二醛的提取：取 0.5 g 样品，加入 2 mL 预冷的 0.05 mol·L^{-1} pH 7.8 的磷酸缓冲液，加入少量石英砂，在经过冰浴的研钵内研磨成匀浆，转移到 5 mL 刻度离心试管中，将研钵用缓冲液洗净，清洗液移入离心管中，最后用缓冲液定容至 5 mL。在 4 500 r·min^{-1} 条件下离心 10 min。上清液即为丙二醛提取液。

2. 丙二醛含量测定：吸取 2 mL 的提取液于刻度试管中，加入 0.5% 硫代巴比妥酸溶液 3 mL，于沸水浴上加热 10 min，迅速冷却。于 4 500 r·min^{-1} 离心 10 min。取上清液于 532、600 nm 波长下，以蒸馏水为空白调透光率 100%，测定吸光度。

3. 结果计算：

$$丙二醛含量(nmol·g^{-1} FW)=\frac{(A_{532}-A_{600})\times V_1\times V}{1.55\times 10^{-1}\times W\times V_2}$$

式中:A—吸光度;

    V_1—反应液总体积,4 mL;

    V—提取液总体积,5 mL;

    V_2—反应液中的提取液体积,2 mL;

    W—植物样品重量,0.5 g;

    1.55×10^{-1}—丙二醛的微摩尔吸光系数(在 1 L 溶液中含有 1 μmol 丙二醛时的吸光度)。

四、注意事项

1. 0.1%~0.5%的三氯乙酸对 MDA-TBA 反应较合适,若高于此浓度,其反应液的非专一性吸收偏高。

2. MDA-TBA 显色反应的加热时间,最好控制在沸水浴 10~15 min。时间太短或太长均会引起 532 nm 下的光吸收值下降。

3. 如用 MDA 作为植物衰老指标,首先应检验被测试材料提取液是否能与 TBA 反应形成 532 nm 处的吸收峰。否则只测定 532、600 nm 两处 A 值,计算结果与实际情况不符,测得的高 A 值是一个假象。

4. 在有糖类物质干扰条件下(如深度衰老时),吸光度的增大,不再是由于脂质过氧化产物 MDA 含量的升高,而是水溶性碳水化合物的增加,由此改变了提取液成分,不能再用 532 nm、600 nm 两处 A 值计算 MDA 含量,可测定 510、532、560 nm 处的 A 值,用 $A_{532}-(A_{510}-A_{560})/2$ 的值来代表丙二醛与 TBA 反应液的吸光值。

五、思考题

1. 植物什么时候会发生严重的膜脂过氧化作用?简述其过氧化作用的过程。

2. 如果可溶性糖含量影响丙二醛含量的测定,你有什么办法消除其影响?

3. 通过丙二醛含量测定能够解决什么理论和实际问题?

实验三十七　植物组织中ATP酶活力的测定

一、实验目的与原理

1.目的:了解 ATP 酶在植物代谢过程中的作用,掌握 ATP 酶活力测定的原理和方法。

2.原理:ATP 酶(adenosine triphosphatase)可催化 ATP 水解生成 ADP 及无机磷,这一反应放出大量能量,以供生物体进行各需能生命过程。它存在于生物细胞的多个部位,如细胞质膜上、叶绿体类囊体膜上,对整个生命的维持有着重要的作用。在生物学研究中,常通过测定酶促反应释放的无机磷量或 ATP 的减少量以及 pH 变化等来测定 ATP 酶的活力。本实验通过测酶促反应过程中无机磷的释放量来测定叶绿体偶联因子 ATPase 的活力。偶联因子是分布在叶绿体类囊体膜表面的一种复合蛋白,它在光合作用能量转换反应中起重要作用。在正常情况下,膜上的偶联因子催化光合磷酸化反应(ATP 合成)的速率很高,而水解 ATP 的活力是十分低的,但用二硫苏糖醇(DTT)、胰蛋白酶或较高温度等激活后,它水解 ATP 的活力可大大增加。因此,偶联因子的测定常用激活后的 ATPase 水解 ATP 的活力来表示。

二、实验用品

1.材料:新鲜菠菜叶片。

2.试剂:①1 mol·L^{-1} Tris-HCl 缓冲液(pH 8.0):称 60.57 g Tris 溶于 400 mL 蒸馏水中,用浓盐酸调至 pH 8.0,再加蒸馏水至 500 mL。②5 mol·L^{-1} 硫酸溶液:取 27.8 mL(相对密度 1.84)浓硫酸,慢慢加入 70 mL 蒸馏水中,冷却后定容至 100 mL。③10% 硫酸钼酸铵溶液:称 10 g 钼酸铵溶于 100 mL 5 mol·L^{-1} 硫酸中。④硫酸亚铁-钼酸铵试剂:称 5 g 硫酸亚铁,加入 10 mL 硫酸钼酸铵,再加蒸馏水稀释到 70 mL,直至溶解为止(用前临时配制)。⑤STN 缓冲液,将 0.05 mol·L^{-1} Tris-HCl pH 7.8 缓冲液(内含 0.4 mol·L^{-1}蔗糖溶液、0.01 mol·L^{-1} NaCl 溶液)放入冰箱中预冷。

3.器材:分光光度计,水浴锅,照光设备(光源 50 000 lx),台式离心机。

三、实验内容与操作

(一)叶绿体制备

取准备好的菠菜叶 5 g,置于研钵或组织捣碎机杯中,加入 20 mL 0℃下预冷的 STN 缓冲液,很快研磨或捣碎(0.5 min 完成),做成匀浆,以 4 层纱布过滤去粗渣,滤液于 0~2℃下,200g 离心约 1 min,去细胞碎片,将上清液再于 1 500g 离心 5~7 min,取沉淀悬浮于少量 STN(pH 7.8)中,使叶绿素含量在 0.5 mg·mL^{-1} 左右。

(二)ATP 酶的激活

1. Mg^{2+}-ATP 酶激活液及反应液配制(表 37-1)。

表 37-1 Mg^{2+}-ATP 酶激活液和反应液配制

试剂	激活液/mL	试剂	反应液/mL
0.25 mol·L^{-1} Tris-HCl,pH 8.0	0.2	0.25 mol·L^{-1} Tris-HCl,pH 8.0	0.1
0.5 mol·L^{-1} NaCl	0.2	0.05 mol·L^{-1} MgCl$_2$	0.1
0.05 mol·L^{-1} MgCl$_2$	0.2	50 mmol·L^{-1} ATP	0.1
50 mmol·L^{-1} DDT	0.2	H$_2$O	0.2
0.5 mmol·L^{-1} PMS	0.2		
总量	1.0	总量	0.5

2. 激活过程:取已制备好的叶绿体悬浮液 1 mL(叶绿素含量约为 0.1 mg·mL^{-1}),加入 1 mL 激活液,于室温在白炽光 50 000 lx 下进行光激活 6 min。

3. 反应过程:取 3 支试管,分别加入上述激活后的叶绿体悬浮液各 0.5 mL,再加入 0.5 mL 的反应液,取两支管置 37℃ 水浴中(另一支管置冰浴中作空白用)保温 10 min,各加入 0.1 mL 20% 的三氯乙酸停止反应。用台式离心机离心后各取上清液 0.3~0.5 mL(取样量按活力大小而改变)供测定 ATP 水解的无机磷用。

(三)无机磷的测定

取反应后经离心的上清液 0.5 mL 加入 2.5 mL 蒸馏水,摇匀后加入 2 mL 硫酸亚铁-钼酸铵试剂,于室温放置 1 min 后显色即稳定,置分光光度计上用 660 nm 比色测定吸光度。

(四)结果计算

ATP 酶活力的计算,按表 37-2 配制不同浓度的无机磷标准液,于分光光度计上用 660 nm 比色测定吸光度。以无机磷浓度作横坐标,所测得的吸光度作纵坐标绘制标准曲线,按下式计算 ATP 酶活力:

$$ATP \ 酶活力[\mu mol \cdot (g \cdot min)^{-1}] = \frac{n \times V_T \times 1\ 000}{W \times V_s \times t}$$

式中:n—从标准曲线上查得的无机磷含量,μmol;

$\quad V_T$—反应体积,mL;

$\quad W$—叶绿素的质量,mg;

$\quad V_s$—测定时取用体积,mL;

$\quad t$—反应时间,min。

表 37-2　不同浓度的无机磷酸盐的配制

溶液/mL	无机磷浓度/(μmol·mL^{-1})				
	0.1	0.2	0.3	0.4	0.5
0.001 mol·L^{-1} Na$_2$HPO$_4$	0.1	0.2	0.3	0.4	0.5
H$_2$O	2.8	2.7	2.6	2.5	2.4
20％三氯乙酸	0.1	0.1	0.1	0.1	0.1
硫酸亚铁-钼酸铵试剂	2.0	2.0	2.0	2.0	2.0

四、注意事项

1. 制备叶绿体悬液时，加入悬浮介质速度要缓慢，以便保持叶绿体的完整度。

2. ATP 酶激活的条件。

五、思考题

1. 植物组织中 ATP 酶活性与哪些代谢过程密切相关？

2. 无机磷含量为何可以表示 ATP 酶活力？

实验三十八 超氧化物歧化酶(SOD)活力测定

一、实验目的与原理

1. 目的:学习和掌握氯化硝基四氮唑蓝(NBT)光化还原法测定 SOD 活力的方法和原理,并了解 SOD 的作用特性。

2. 原理:植物在逆境胁迫或衰老过程中,细胞内自由基代谢平衡被破坏而有利于自由基的产生。自由基是具有未配对价电子的原子或原子团。生物体内产生的自由基主要有超氧自由基(O_2^-·)、羟自由基(OH·)、过氧自由基(ROD)、烷氧自由基(RO)等。植物细胞膜有酶促和非酶促两类过氧化物防御系统,超氧化物歧化酶(SOD)、过氧化氢酶(CAT)、过氧化物酶(POD)和抗坏血酸过氧化物酶(ASA-POD)等是酶促防御系统的重要保护酶。抗坏血酸(维生素 C)、维生素 E 和还原型谷胱甘肽(GSH)等是非酶促防御系统中的重要抗氧化剂。SOD、CAT 等活性氧清除剂的含量水平以及 O_2^-·、H_2O_2、OH· 和 O_2 等活性氧的含量水平可作为植物衰老的生理生化指标。

超氧化物歧化酶(superoxide dismutase,SOD)是含金属辅基的酶。高等植物含有两种类型的 SOD:Mn-SOD 和 Cu. Zn-SOD,它们能通过歧化反应清除生物细胞中的超氧自由基(O_2^-·),生成 H_2O_2 和 O_2。H_2O_2 由过氧化氢酶(CAT)催化生成 H_2O 和 O_2,从而减少自由基对有机体的毒害。反应式如下:

$$O_2^- · + O_2^- · + 2H^+ \xrightarrow{\text{SOD}} H_2O_2 + O_2$$

$$H_2O_2 \xrightarrow{\text{CAT}} H_2O + 1/2O_2$$

由于超氧自由基(O_2^-·)为不稳定自由基,寿命极短,测定 SOD 活性一般为间接方法,并利用各种呈色反应来测定 SOD 的活力。核黄素在有氧条件下能产生超氧自由基负离子 O_2^-·,当加入 NBT 后,在光照条件下,与超氧自由基反应生成单甲䐶(黄色),继而还原生成二甲䐶,它是一种蓝色物质,在 560 nm 波长下有最大吸收峰。当加入 SOD 时,可以使超氧自由基与 H^+ 结合生成 H_2O_2 和 O_2,从而抑制了 NBT 光还原的进行,使蓝色二甲䐶生成速度减慢。通过在反应液中加入不同量的 SOD 酶液,光照一定时间后测定 560 nm 波长下各液光密度值,抑制 NBT 光还原相对百分率与酶活性在一定范围内呈正比,以酶液加入量为横坐标,以抑制 NBT 光还原相对百分率为纵坐标,在坐标纸上绘制出二者的相关曲线,根据 SOD 抑制 NBT 光还原相对百分率计算酶活性。找出 SOD 抑制 NBT 光还原相对百分率为 50% 时的酶量作为一个酶活力单位(U)。

二、实验用品

1. 材料:小麦、玉米、水稻、棉花等新鲜叶片。

2.试剂。

（1）0.1 mol·L⁻¹ pH 7.8 磷酸钠（Na₂HPO₄-NaH₂PO₄）缓冲液：

A 液（0.1 mol·L⁻¹ Na₂HPO₄ 溶液）：准确称取 Na₂HPO₄·12H₂O（相对密度为 358.14）3.581 4 g 于 100 mL 小烧杯中，用少量蒸馏水溶解后，移入 100 mL 容量瓶中用蒸馏水定容至刻度，充分混匀。4℃冰箱中保存备用。

B 液（0.1 mol·L⁻¹ NaH₂PO₄ 溶液）：准确称取 NaH₂PO₄·2H₂O（相对密度为 156.01）0.780 g 于 50 mL 小烧杯中，用少量蒸馏水溶解后，移入 50 mL 容量瓶中用蒸馏水定容至刻度，充分混匀。4℃冰箱中保存备用。

取上述 A 液 183 mL 与 B 液 17 mL 充分混匀后即为 0.1 mol·L⁻¹ pH 7.8 的磷酸钠缓冲液。4℃冰箱中保存备用。

（2）0.026 mol·L⁻¹ 蛋氨酸（Met）磷酸钠缓冲液：准确称取 L-蛋氨酸（C₅H₁₁NO₂S，相对密度为 149.21）0.387 9 g 于 100 mL 小烧杯中，用少量 0.1 mol·L⁻¹ pH 7.8 的磷酸钠缓冲液溶解后，移入 100 mL 容量瓶中并用 0.1 mol·L⁻¹ pH 7.8 的磷酸钠缓冲液定容至刻度，充分混匀（现用现配）。4℃冰箱中保存可用 1～2 d。

（3）7.5×10⁻⁴ mol·L⁻¹ NBT 溶液：准确称取 NBT（C₄OH₃OCl₂N₁₀O₆，相对密度为 817.7）0.153 3 g 于 100 mL 小烧杯中，用少量蒸馏水溶解后，移入 250 mL 容量瓶中用蒸馏水定容至刻度，充分混匀（现配现用）。4℃冰箱中保存可用 2～3 d。

（4）含 1.0 μmol·L⁻¹ EDTA 的 2×10⁻⁵ mol·L⁻¹ 核黄素溶液：

A 液：准确称取 EDTA（相对密度为 292）0.002 92 g 于 50 mL 小烧杯中，用少量蒸馏水溶解。

B 液：准确称取核黄素（相对密度为 376.36）0.075 3 g 于 50 mL 小烧杯中，用少量蒸馏水溶解。

C 液：合并 A 液和 B 液，移入 100 mL 容量瓶中，用蒸馏水定容至刻度，此溶液为含 0.1 mmol·L⁻¹ EDTA 的 2 mmol·L⁻¹ 核黄素溶液。该溶液应避光保存，即用黑纸将装有该液的棕色瓶包好，置于 4℃冰箱中保存可用 8～10 d。

当测定 SOD 酶活时，将 C 液稀释 100 倍，即为含 1.0 μmol·L⁻¹ EDTA 的 2×10⁻⁵ mol·L⁻¹ 核黄素溶液。

（5）0.05 mol·L⁻¹ pH 7.8 磷酸钠缓冲液：取 0.1 mol·L⁻¹ pH 7.8 的磷酸钠缓冲液 50 mL，移入 100 mL 容量瓶中用蒸馏水定容至刻度，充分混匀。4℃冰箱中保存备用。

（6）石英砂。

3.器材：分光光度计，分析天平，高速冷冻离心机，冰箱，4 500 lx 光照箱，带盖瓷盘，移液管架，研钵，5 mL 离心管，10～15 mL 微烧杯，0.5 mL、1 mL、2 mL、5 mL 移液管或加样器，50 μL、100 μL 微量进样器，50 mL、100 mL、500 mL、1 000 mL 烧杯，50 mL、100 mL 量筒，50 mL、100 mL、250 mL、1 000 mL 容量瓶，125 mL 细口瓶。

三、实验内容与操作

1.酶液的制备：按每克鲜叶加入 3 mL 0.05 mol·L⁻¹ pH 7.8 磷酸钠缓冲液，加入少量石英砂，于冰浴中的研钵内研磨成匀浆，定容到 5 mL 刻度离心管中，于 8 500 r·min⁻¹（10 000 g）冷冻离心 30 min，上清液即为 SOD 酶粗提液。

2. 酶活力的测定：每个处理取 8 个洗净干燥好的微烧杯编号，按表 38-1 加入各试剂及酶液，反应系统总体积为 3 mL。其中 4～8 号杯中磷酸钠缓冲液量和酶液量可根据试验材料中酶液浓度及酶活力进行调整（如酶液浓度大、活性强时，酶用量适当减少）。

各试剂全部加入后，充分混匀，取 1 号微烧杯置于暗处，作为空白对照，比色时调零用。其余 7 个微烧杯均放在温度为 25℃，光强为 4 500 lx 的光照箱内（安装有 3 根 20 W 的日光灯管）照光 15 min，然后立即遮光终止反应。在 560 nm 波长下以 1 号杯液调零，测定各杯液光密度并记录结果。以 2、3 号杯液光密度的平均值作为抑制 NBT 光还原率 100%，根据其他各杯液的光密度分别计算出不同酶液量的各反应系统中抑制 NBT 光还原的相对百分率。以酶液用量为横坐标，以抑制 NBT 光还原相对百分率为纵坐标，作出二者相关曲线。找出 50% 抑制率的酶液量（μL）作为一个酶活力单位（U）。

表 38-1　反应系统中各试剂及酶液的加入量　　　　　　　　　　　mL

杯号	试剂				酶液
	试剂(2)	试剂(3)	试剂(4)	试剂(5)	
1	1.5	0.3	0.3	0.9	0
2	1.5	0.3	0.3	0.9	0
3	1.5	0.3	0.3	0.9	0
4	1.5	0.3	0.3	0.85	0.05
5	1.5	0.3	0.3	0.80	0.10
6	1.5	0.3	0.3	0.75	0.15
7	1.5	0.3	0.3	0.70	0.20
8	1.5	0.3	0.3	0.65	0.25

3. 结果计算：

(1) 测 560 nm 波长下各杯液的光密度填于表 38-2 中。

表 38-2　测定数据列表

杯号	1	2	3	4	5	6	7	8	2、3 号平均值
酶液量/mL	0	0	0	0.05	0.10	0.15	0.20	0.25	—
光密度($OD_{560\,nm}$)	0								
抑制率/%	—	100	100						100

以酶液加入量为横坐标，以抑制 NBT 光还原相对百分率为纵坐标，在坐标纸上绘制出二者相关曲线。找出 50% 抑制率的酶液量（μL）作为一个酶活力单位（U）。

(2) SOD 酶活力按下式计算：

$$A = \frac{V \times 1\,000 \times 60}{B \times W \times T}$$

式中：A—酶活力，$U \cdot g^{-1}(FW) \cdot h^{-1}$；

V—酶提取液总体积,mL;

B—一个酶活力单位的酶液量,μL;

W—样品鲜重,g;

T—反应时间,min;

1 000—1 mL＝1 000 μL;

60—1 h＝60 min。

(3)抑制率按下式计算:

$$抑制率 = \frac{D_1 - D_2}{D_1} \times 100\%$$

式中:D_1—2、3号杯液的光密度平均值;

　　　D_2—加入不同酶液量的各杯液的光密度值。

注:有时因测定样品的数量多,每个样品均按此法测定酶活力工作量将会很大,也可每个样品只测定1个或2个酶液用量的光密度值,按下式计算酶活力。

$$A = \frac{(D_1 - D_2) \times V \times 1\,000 \times 60}{D_1 \times B \times W \times T \times 50\%}$$

式中:D_1—2、3号杯液的光密度平均值;

　　　D_2—测定样品酶液的光密度;

　　　50%—抑制率为50%;

　　　其他各因子代表的内容与上述SOD酶活力计算公式的各因子代表的内容相同。

四、注意事项

1.富含酚类物质的植物(如茶叶)在匀浆时产生大量的多酚类物质,会引起酶蛋白不可逆沉淀,使酶失去活性,因此在提取此类植物SOD酶时,必须添加多酚类物质的吸附剂,将多酚类物质除去,避免酶蛋白变性失活,一般在提取液中加1%～4%的聚乙烯吡咯烷酮(PVP)。

2.测定时的温度和光化反应时间必须严格控制一致。为保证各微烧杯所受光强一致,所有微烧杯应排列在与日光灯管平行的直线上。

五、思考题

1.为什么SOD酶活力不能直接测得?

2.超氧自由基为什么能对机体活细胞产生危害,SOD酶如何减少超氧自由基的毒害?

实验三十九　过氧化物酶(POD)活性的测定

一、实验目的与原理

1. 目的:掌握比色法测定过氧化物酶活性的原理及方法。

2. 原理:过氧化物酶(POD)催化过氧化氢氧化酚类的反应,产物为醌类化合物,此化合物进一步缩合或与其他分子缩合,产生颜色较深的化合物。本实验以邻甲氧基苯酚(即愈创木酚)为过氧化物酶的底物,在此酶存在下,H_2O_2 可将邻甲氧基苯酚氧化成红棕色的 4-邻甲氧基苯酚,该物质可用分光光度计在 470 nm 处测定其吸光值,即可求出该酶的活性。其反应为:

邻甲氧基苯酚　+ 4H₂O → 过氧化物酶 → 4-邻甲氧基苯酶(红棕色)

二、实验用品

1. 材料:水稻根系、马铃薯块茎等。

2. 试剂:

(1)0.1 mol·L⁻¹ Tris-HCl 缓冲液(pH 8.5):取 12.114 g 三羟甲基氨基甲烷(Tris),加水稀释,用 HCl 调 pH 8.5 后定容 1 000 mL。

(2)0.2 mol·L⁻¹ 磷酸缓冲液(pH 6.0):

贮备液 A:0.2 mol·L⁻¹ NaH₂PO₄ 溶液(27.8 g NaH₂PO₄·H₂O 配成 1 000 mL)。

贮备液 B:0.2 mol·L⁻¹ Na₂HPO₄ 溶液(53.65 g Na₂HPO₄·7H₂O 或 71.7 g Na₂HPO₄·12H₂O 配成 1 000 mL)。

分别取贮备液 A 87.7 mL 与贮备液 B 12.3 mL 充分混匀并稀释至 200 mL。

(3)反应混合液:取 0.2 mol·L⁻¹ 磷酸缓冲液(pH 6.0)50 mL、过氧化氢 0.028 mL、愈创木酚 0.019 mL 混合。

3.器材:分光光度计,移液管,离心机,秒表,研钵,天平等。

三、实验内容与操作

1.酶液提取:取不同水稻根系(根系表面水分吸干)1 g,剪碎置于研钵中,加 5 mL 0.1 mol·L^{-1} Tris-HCl 缓冲液(pH 8.5),研磨成匀浆,以 4 000 r·min^{-1} 离心 5 min,倾出上清液,必要时残渣再用 5 mL 缓冲液提取一次,合并两次上清液,保存在冰箱(或冷处)备用。

2.取光径 1 cm 比色杯 2 个在其中 1 个中加入反应混合液 3mL 和磷酸缓冲液 1 mL(或加热煮沸 5 min 的酶液),作为校零对照,另 1 个中加入反应混合液 3 mL,上述酶液 1 mL(如酶活性过高可稀释之),立即开启秒表记录时间,用分光光度计在波长 470 nm 下测量吸光度值,每隔 1 min(60 s)读数 1 次,共测 3 min。

3.结果计算:以每分钟光密度变化(以每分钟 A_{470} 变化 0.01 为 1 个活力单位)表示酶活性大小,即

$$过氧化物酶活性[U·(g·min)^{-1}] = \frac{\Delta A_{470} \times V_T}{FW \times V_1 \times 0.01 \times t}$$

式中:ΔA_{470}——反应时间内吸光度的变化;

V_T——粗酶提取液总体积,mL;

V_1——测定用粗酶液体积,mL;

FW——样品鲜重,g;

0.01——A_{470} 每下降 0.01 为 1 个酶活单位,U;

t——反应时间,min。

四、注意事项

1.酶的提取、纯化需在低温下进行。

2.H_2O_2 要在反应开始前加,不能直接加入。

3.酶促反应较快,计时应准确、快速。

五、思考题

1.试述 POD 活性的定义。

2.测定 POD 活性要注意控制哪些条件?

实验四十　过氧化氢酶(CAT)活性的测定

一、实验目的与原理

1. 目的：植物在衰老或者遭受逆境时，体内活性氧代谢加强因而累积 H_2O_2，从而使细胞遭受损伤。过氧化氢酶普遍存在于植物的所有组织中，可以清除 H_2O_2，是植物体内重要的酶促防御系统之一。因此，植物组织中过氧化氢酶活性与植物的代谢强度及抗逆性密切相关。掌握紫外吸收法测定过氧化氢酶活性的原理和方法。

2. 原理：H_2O_2 在 240 nm 波长下有强吸收，过氧化氢酶能分解过氧化氢，使反应溶液吸光度(A_{240})随反应时间延长而降低。根据测量吸光度的变化速度即可测出过氧化氢酶的活性。

二、实验用品

1. 材料：植物叶片。

2. 试剂：$0.1\ mol \cdot L^{-1}\ H_2O_2$：$30\%\ H_2O_2$ 大约等于 $17.6\ mol \cdot L^{-1}$，取 $30\%\ H_2O_2$ 溶液 5.68 mL，稀释至 1 000 mL；$0.2\ mol \cdot L^{-1}$ pH 7.8 磷酸缓冲液(内含1%聚乙烯吡咯烷酮)。

3. 器材：紫外分光光度计，恒温水浴锅，离心机，研钵，0.5 mL 刻度吸管，10 mL 试管。

三、实验内容与操作

1. 酶液提取：称取小麦叶片 1.0 g 加入 pH 7.8 的磷酸缓冲溶液少量，研磨成匀浆，转移至 10 mL 刻度试管中，用该缓冲液冲洗研钵，并将冲洗液转入刻度试管中，用同一缓冲液定容，$4\ 000\ r \cdot min^{-1}$ 离心 15 min，上清液即为过氧化氢酶的粗提液。

2. 测定：取 10 mL 试管 3 支，其中 2 支为样品测定管，1 支为空白管(将酶液煮死)，按表 40-1 顺序加入试剂。

表 40-1　紫外吸收待测样品测定液配制表　　　　　　　　　　　　　　　　　mL

试剂(酶)	管　号		
	S0	S1	S2
粗酶液	0.2	0.2	0.2
pH 7.8 磷酸缓冲液	1.5	1.5	1.5
蒸馏水	1.0	1.0	1.0

25℃预热后，逐管加入 0.3 mL $0.1\ mol \cdot L^{-1}$ 的 H_2O_2，每加完 1 管立即计时，并迅速倒入石英比色杯中，240 nm 下测定吸光度，每隔 1 min 读数 1 次，共测 4 min，待 3 支管全部测定

完后,计算酶活性。

3.结果计算:以 1 min 内 A_{240} 减少 0.1 的酶量为 1 个酶活单位(U)。

$$过氧化氢酶活性[U \cdot (g \cdot min)^{-1}] = \frac{\Delta A_{240} \times V_T}{0.1 \times V_1 \times t \times FW}$$

式中:$\Delta A_{240} = A_{SO} - (A_{S1} + A_{S2})/2$ (A_{SO} 为加入煮死酶液的对照管吸光度,A_{S1}、A_{S2} 为样品管吸光度);

V_T—粗酶提取液总体积,mL;

V_1—测定用粗酶液体积,mL;

FW—样品鲜重,g;

0.1—A_{240} 每下降 0.1 为 1 个酶活单位,U;

t—加过氧化氢到最后一次读数时间,min。

四、注意事项

凡在 240 nm 下有强吸收的物质对本实验都有干扰。

五、思考题

1.影响过氧化氢酶活性测定的因素有哪些?

2.过氧化氢酶与哪些生化过程有关?

实验四十一　多酚氧化酶(PPO)活性的测定

一、实验目的与原理

1. 目的：多酚氧化酶(polyphenol oxidase, PPO)广泛存在于植物组织中,可以氧化酚类物质为醌类物质,但在正常组织中这一反应并不经常发生,如果组织受损,反应便可发生,如苹果、茄子创面的褐变。另外,当植物感病时,多酚氧化酶活性明显升高。因此,酚类物质含量和多酚氧化酶活性测定是植物抗性生理研究中经常用到的一个指标。本实验的目的在于学习测定多酚氧化酶活性的方法、原理及操作技术。

2. 原理：多酚氧化酶催化分子态氧将酚类化合物如邻苯二酚(儿茶酚)氧化为醌类物质,所生成的产物(邻醌)在 525 nm 波长处有最大吸收峰,其吸光值与产物生成量呈正相关,所以可据此测定多酚氧化酶的活性。

二、实验用品

1. 材料：马铃薯块茎等。
2. 试剂：0.05 mol·L^{-1} pH 5.5 磷酸缓冲液,0.1 mol·L^{-1} 邻苯二酚溶液,20% 三氯乙酸。
3. 器材：分光光度计,离心机,研钵,容量瓶,试管等。

三、实验内容与操作

1. 酶液提取：取 5 g 洗净去皮的马铃薯块茎,切碎,放入研钵中。加适量磷酸缓冲液研磨成匀浆。将匀浆液全部转入离心管中,3 000 r·min^{-1} 离心 10 min,上清液转入 25 mL 容量瓶中。沉淀用 5 mL 磷酸缓冲液再提取 2 次,上清液并入容量瓶,定容至刻度。低温下保存备用。

2. 酶活测定：取 4 支试管(2 支对照,2 支测定)按表 41-1 加入试剂。37℃ 水浴中保温 10 min,到时间后立即加入 2 mL 20% 的三氯乙酸,终止酶的反应。反应液 4 000 r·min^{-1} 离心 10 min,收集上清液,并适当稀释,于 525 nm 波长下测定其吸光值。

表 41-1　酶活测定试剂表 　　　　　　　　　　　　　　　　　　　　mL

试剂	对照1	对照2	测定1	测定2
磷酸缓冲液	3.9	3.9	3.9	3.9
邻苯二酚溶液	1.0	1.0	1.0	1.0
酶液	—	—	0.1	0.1
煮沸酶液	0.1	0.1		

3.结果计算:多酚氧化酶活性单位(U)定义为 1 g 鲜样 1 min 内吸光值变化 0.01 所需的酶量。

$$多酚氧化酶活性[U \cdot (g \cdot min)^{-1}] = \frac{\Delta A}{0.01 \times W \times t} \times D$$

式中:ΔA—反应时间内吸光值的变化;

　　W—实验材料鲜重,g;

　　t—反应时间,min;

　　D—稀释倍数。

四、注意事项

植物样本在处理前勿碰伤搓揉。

五、思考题

多酚氧化酶活性与植物的"伤呼吸"有何关系?

实验四十二 抗坏血酸含量的测定

一、实验目的与原理

1. 目的:抗坏血酸即维生素 C,广泛存在于新鲜水果、蔬菜中,它是一种高活性物质,参与很多新陈代谢活动。抗坏血酸是生物体内抗氧化体系成员之一,因此抗坏血酸含量可作为植物抗衰老和抗逆境的重要生理指标,也可作为果品质量、选育良种的鉴别指标。通过本实验掌握用分光光度计法测定植物抗坏血酸含量的方法。

2. 原理:还原型抗坏血酸(AsA)可以把铁离子还原成亚铁离子,亚铁离子与红菲咯啉(BP)反应形成红色螯合物。此物质在 534 nm 波长的吸收值与 AsA 含量呈正相关,故可用比色法测定。脱氧抗坏血酸(DAsA)可由二硫苏糖醇(DTT)还原成 AsA。测定 AsA 总量,从中减去还原型 AsA,即为 DAsA 含量。

二、实验用品

1. 材料:新鲜果实、蔬菜,植物根、茎、叶等。

2. 试剂:5‰三氯乙酸(TCA),20‰TCA,无水乙醇溶液,0.4‰磷酸-乙醇溶液,0.5‰ BP(4,7-二苯基-1,10-菲咯啉)-乙醇溶液,0.03‰ $FeCl_3$-乙醇溶液,$0.6 \ g \cdot L^{-1}$ DTT,Na_2HPO_4-NaOH 溶液:以 $0.2 \ mol \cdot L^{-1} \ Na_2HPO_4$ 和 $1.2 \ mol \cdot L^{-1}$ NaOH 等量混合,$60 \ mmol \cdot L^{-1}$ DTT-乙醇。

3. 器材:离心机,分光光度计,研钵,试管等。

三、实验内容与操作

1. 制作标准曲线:配制浓度为 $2 \ mg \cdot L^{-1}$、$4 \ mg \cdot L^{-1}$、$6 \ mg \cdot L^{-1}$、$8 \ mg \cdot L^{-1}$、$10 \ mg \cdot L^{-1}$、$12 \ mg \cdot L^{-1}$、$14 \ mg \cdot L^{-1}$ 的 AsA 系列标准液。取各浓度标准液 1.0 mL 于试管中,加入 1.0 mL 5‰TCA、1.0 mL 乙醇摇匀,再依次加入 0.5 mL 0.4‰ H_3PO_4-乙醇、1.0 mL 0.5‰BP-乙醇、0.5 mL 0.03‰ $FeCl_3$-乙醇,总体积 5.0 mL。将溶液置于 30℃ 下反应 90 min,然后测定 A_{534}。以 AsA 浓度为横坐标,以 A_{534} 为纵坐标绘制标准曲线,求出线性方程。

2. 提取:取植物叶片 1.0 g,按 1:5(W/V)加入 5‰TCA 研磨,$4\ 000 \ r \cdot min^{-1}$ 离心 10 min,上清液供测定。

3. 测定:

(1)AsA 测定:取 1.0 mL 样品提取液于试管中,按上述相同的方法进行测定,并根据标准曲线计算 AsA 含量。

(2)DAsA 测定:向 1.0 mL 样品液中加入 0.5 mL 60 mmol·L^{-1} DTT-乙醇溶液,用

Na_2HPO_4-NaOH 混合液将溶液调至 pH 7～8,置于室温下 10 min,使 DAsA 还原。然后加入 0.5 mL 20％TCA,把 pH 调至 1～2。按 AsA 相同方法进行测定,计算出总 AsA 含量,从中减去 AsA,即得 DAsA 含量。

四、注意事项

磷酸-乙酸溶液和抗坏血酸溶液都不宜长期保存,最好现配现用。

五、思考题

1.抗坏血酸在植物体内有何生理意义?

2.抗坏血酸的测定方法有哪几种? 比较其优缺点。

实验四十三 抗坏血酸过氧化物酶(AsA-POD)活性的测定

一、实验目的与原理

1. 目的:了解抗坏血酸过氧化物酶(AsA-POD)的作用。掌握分光光度法测定抗坏血酸过氧化物酶活性的方法。

2. 原理:AsA-POD 催化 AsA 与 H_2O_2 反应,使 AsA 氧化成单脱氢抗坏血酸(MDAsA)。随着 AsA 被氧化,溶液中 290 nm 波长下的消光值(A_{290})下降,根据单位时间内 A_{290} 减少值,计算 AsA-POD 活性。AsA 氧化量按消光系数 2.8($mmol \cdot L^{-1} \cdot cm^{-1}$)计算,酶活性可用每克鲜重每小时氧化 AsA 的物质的量($\mu mol \cdot g^{-1} \cdot h^{-1}$)表示。

二、实验用品

1. 材料:新鲜果实、蔬菜,植物根、茎、叶等。

2. 试剂:K_2HPO_4-KH_2PO_4 缓冲液(pH7.0,内含 0.1 $mmol \cdot L^{-1}$ EDTA-Na_2),0.3 $mmol \cdot L^{-1}$ AsA,20 $\mu mol \cdot L^{-1}$ AsA,0.06 $mmol \cdot L^{-1}$ H_2O_2。

3. 器材:离心机,紫外分光光度计,研钵,试管等。

三、实验内容与操作

1. 酶液制备:取 1.0 g 植物叶片剪碎,按 $1:3(W/V)$ 加入预冷的 50 $mmol \cdot L^{-1}$ K_2HPO_4-KH_2PO_4 缓冲液进行研磨提取,用两层纱布过滤,滤液在 4 000 $r \cdot min^{-1}$ 下离心 10 min,上清液作酶粗提液供测定。

2. 酶活性测定:3 mL 反应混合液中含 50 $mmol \cdot L^{-1}$ K_2HPO_4-KH_2PO_4 缓冲液(pH 7.0),0.1 $mmol \cdot L^{-1}$ EDTA-Na_2,0.3 $mmol \cdot L^{-1}$ AsA,0.06 $mmol \cdot L^{-1}$ H_2O_2 和 0.1 mL 酶液。加入 H_2O_2 后立即在 20℃下测定 10~30 s 内的 A_{290} 变化,计算单位时间内 AsA 减少量及酶活性,以 1 min 内 A_{290} 减少 0.01 的酶量为 1 个酶活单位(U)。

$$抗坏血酸过氧化物酶活力[U \cdot (g \cdot min)^{-1}] = \frac{\Delta A_{290} \times V_T}{FW \times V_1 \times 0.01 \times t}$$

式中:ΔA_{290}——反应时间内吸光度的变化;

V_T——粗酶提取液总体积,mL;

V_1——测定用粗酶液体积,mL;

FW——样品鲜重,g;

0.01—A_{290} 每下降 0.01 为 1 个酶活单位(U);

t——反应时间,min。

四、注意事项

1. 酶液的提取过程要尽量在低温条件下进行。
2. H_2O_2要在反应开始前加入,不能直接加入。

五、思考题

1. 抗坏血酸在植物体内有何生理意义?
2. 简述抗坏血酸过氧化物酶活性的测定原理。

实验四十四　苯丙氨酸解氨酶（PAL）活性的测定

一、实验目的与原理

1. 目的：苯丙氨酸解氨酶（PAL）对植物体的木质素、植保素、类黄酮、花青素等次生物质的形成起重要的调节作用，且与植物的抗病作用有一定的关系。本实验了解测定苯丙氨酸解氨酶活性的原理和方法。

2. 原理：苯丙氨酸解氨酶是植物次生代谢中的一个关键酶。它催化 L-苯丙氨酸的脱氨反应，释放氨而形成反式肉桂酸。根据产物反式肉桂酸在波长 290 nm 处吸光度的变化，可以测定该酶的活性。

二、实验用品

1. 材料：黄化水稻幼苗。

2. 试剂。0.1 mol·L^{-1} 硼酸缓冲液（pH 8.8）；0.02 mol·L^{-1} L-苯丙氨酸：称取 3.33 g L-苯丙氨酸溶于 1 000 mL 0.1 mol·L^{-1} 硼酸缓冲液（pH 8.8）；7 mmol·L^{-1} 巯基乙醇硼酸缓冲液：0.11 mL 巯基乙醇用 0.1 mol·L^{-1} 硼酸缓冲液溶解，并定容至 200 mL；聚乙烯吡咯烷酮（PVP）。

3. 器材：冷冻高速离心机，紫外-可见分光光度计，旋涡混合器，恒温水浴锅等。

三、实验内容与操作

1. 酶液制备：称取黄化水稻幼苗 0.5 g，先加 1.5 mL 预冷的提取液（即 7 mmol·L^{-1} 巯基乙醇硼酸缓冲液）、过量的聚乙烯吡咯烷酮（PVP）（但不能太多，否则不易研磨）、少量石英砂在冰浴下研磨成浆，再加 3.5 mL 预冷的提取液使其终体积为 5 mL。于 12 000 g 4℃下离心 15 min，用吸管吸取上清液，即粗酶液。

2. 酶活测定：

反应液包括：①0.02 mol·L^{-1} L-苯丙氨酸 1 mL；

②0.1 mol·L^{-1} 硼酸缓冲液（pH 8.8）2 mL；

③0.1 mL 粗酶液。

（对照以 0.1 mL 巯基乙醇缓冲液代替酶液）

反应液用涡旋混合器混匀后立即在 290 nm 处测起始吸光度值，并精确计时。（每一样品重复两组）将测定后的各管于 30℃ 水浴保温 30 min，再于 290 nm 处测定各管的吸光度值。本实验以每 30 min 在波长 290 nm 处吸光度值增加 0.01 所需酶量为 1 个单位（U）。

$$苯丙氨酸解氨酶活性（U·g^{-1} 鲜重）=\frac{30\ min\ 内吸光度差值 \times V}{a \times W \times 0.01}$$

112

式中：a—测定时的酶液用量，mL；

$\quad$ V—酶液总体积，mL；

$\quad$ W—样品重，g。

（苯丙氨酸解氨酶活性也可以 $U \cdot mg^{-1}$ 蛋白表示，蛋白质含量可用考马斯亮蓝 G-250 法测定，以牛血清白蛋白作标准）。

四、注意事项

要求分光光度计有准确的波长。

五、思考题

苯丙氨酸解氨酶与植物的抗病作用有何关系？

实验四十五 植物体内游离脯氨酸含量的测定

一、实验目的与原理

1.目的:植物在正常条件下,游离脯氨酸含量很低,但遇到干旱、低温、盐碱等逆境时,游离脯氨酸便会大量积累,并且积累指数与植物的抗逆性有关。因此,脯氨酸可作为植物抗逆性的一项生化指标。本实验学习游离脯氨酸含量测定的原理和方法。

2.原理:采用磺基水杨酸提取植物体内的游离脯氨酸,不仅大大减少了其他氨基酸的干扰,快速简便,而且不受样品状态(干或鲜样)限制。在酸性条件下,脯氨酸与茚三酮反应生成稳定的红色缩合物,用甲苯萃取后,此缩合物在波长 520 nm 处有一最大吸收峰。脯氨酸浓度的高低在一定范围内与其吸光度成正比。

二、实验用品

1.材料:植物叶片,包括新鲜叶片和萎蔫叶片。

2.试剂:3%磺基水杨酸溶液;甲苯;2.5%酸性茚三酮显色液;冰乙酸和 $6 \ mol \cdot L^{-1}$ 磷酸以 3:2 混合(作为溶剂进行配制,在 4℃ 下 2～3 天有效);脯氨酸标准溶液:准确称取 25 mg 脯氨酸,用蒸馏水溶解后定容至 250 mL,其浓度为 $100 \ \mu g \cdot mL^{-1}$。再取此液 10 mL,用蒸馏水稀释至 100 mL,即成 $10 \ \mu g \cdot mL^{-1}$ 的脯氨酸标准液。

3.器材:天平,分光光度计,水浴锅,漏斗,20 mL 大试管,20 mL 具塞刻度试管,5～10 mL 注射器或滴管。

三、实验内容与操作

1.标准曲线制作:

(1)取 7 支具塞刻度试管按表 45-1 加入各试剂。混匀后加玻璃球塞,在沸水中加热 40 min。

(2)取出并冷却后,向各管加入 5 mL 甲苯充分振荡,以萃取红色物质。静置待分层后吸取甲苯层,以 0 号管为对照在波长 520 nm 下比色。

(3)以吸光值为纵坐标,脯氨酸含量为横坐标,绘制标准曲线,求线性回归方程。

表 45-1　各试管中试剂加入量

试剂	管号						
	0	1	2	3	4	5	6
标准脯氨酸量/mL	0	0.2	0.4	0.8	1.2	1.6	2.0
H_2O/mL	2	1.8	1.6	1.2	0.8	0.4	0

续表 45-1

试剂	管号						
	0	1	2	3	4	5	6
冰乙酸/mL	2	2	2	2	2	2	2
酸性茚三酮显色液/mL	3	3	3	3	3	3	3
脯氨酸含量/μg	0	2	4	8	12	16	20

2.样品游离脯氨酸含量测定：

(1)脯氨酸提取：取不同处理的剪碎混匀小麦叶片 0.2～0.5 g(干样根据水分含量酌减)，分别置于大试管中，加入 5 mL 3％硝基水杨酸溶液，管口加盖玻璃球，于沸水浴中浸提 10 min。

(2)测定：取出试管，待冷却至室温后，吸取上清液 2 mL，加 2 mL 冰乙酸和 3 mL 酸性茚三酮显色液，于沸水浴中加热 40 min，下步操作按标准曲线制作方法进行甲苯萃取和比色。

(3)结果计算：从标准曲线中查出测定液中脯氨酸含量，按下式计算样品中脯氨酸含量的百分数。

$$脯氨酸含量[\mu g \cdot g^{-1}(干或鲜样)] = \frac{m \times V}{W \times A}$$

式中：m——提取液中脯氨酸含量，μg，由标准曲线求得；

　　　V——提取液总体积，mL；

　　　A——测定时所吸取的体积，mL；

　　　W——样品重，g。

四、注意事项

1.叶片萎蔫时间一般 3～4 h，不能太久，否则脯氨酸积累多，样品测定需稀释。

2.酸性茚三酮显色液与脯氨酸溶液现配现用效果好。

五、思考题

1.植物体内游离脯氨酸含量测定有何意义？

2.当改变萃取剂时，比色应做哪些改变？如何选择最适波长？如何选择最佳萃取剂？

实验四十六　植物体内甜菜碱含量的测定

一、实验目的与原理

1. 目的:甜菜碱是一种分布很广的细胞相容性物质,许多植物在盐渍、干旱胁迫下,细胞内大量积累甜菜碱,因此甜菜碱可作为植物抗逆性的一项生化指标。利用化学比色法可测定植物体内的甜菜碱含量。本实验目的是掌握用化学比色法测定植物体内的甜菜碱的原理和方法。

2. 原理:碘可与四价铵类化合物(QACs)反应,形成水不溶性的高碘酸盐类物质,该物质可溶于二氯乙烷,并在 365 nm 波长下具有最大的吸收值。根据甜菜碱类化合物与胆碱被碘沉淀所需的 pH 范围不同,甘氨酸甜菜碱含量等于四价铵化合物的量减去胆碱的量。

二、实验用品

1. 材料:新鲜菠菜叶片或其他植物叶片。

2. 试剂:甲醇,氯仿,碘,碘化钾,盐酸,二氯乙烷,KH_2PO_4,NaOH,甜菜碱提取液以甲醇:氯仿:水＝12∶5∶3的比例配制。

3. 器材:紫外分光光度计,离心机,Dowex 1 柱或 Dowex 1 与 Aberlite (1＋2)混合柱,Dowex 50 柱。

三、实验内容与操作

1. 甜菜碱提取和纯化:称取 1～2 g 菠菜叶片加入 10 mL 甜菜碱提取液研磨。匀浆液在 60～70℃水浴中保温 10 min。冷却后,于 20℃下 1 000 g 离心 10 min,收集水相。氯仿相再加 10 mL 提取液,反复振荡,于 20℃下 1 000 g 离心 10 min 取上层水相。下层氯仿相加入 4 mL 50%甲醇水溶液,进行提取,于 20℃下 1 000 g 离心 10 min。将上层水相合并,调 pH 5.0～7.0,在 70℃下蒸干,用 2 mL 水重新溶解。

2. 离子交换法纯化:将样品加入 Dowex 1 柱(1 cm×5 cm,OH⁻)或 Dowex 1 与 Amberlite (1＋2)混合柱中,用 5 倍柱体积的水洗柱,收集流出液。流出液直接加入 Dowex 50(1 cm×5 cm,H⁺)柱中,用 5 倍柱体积的水洗脱柱子。甜菜碱类化合物由 4 mol·L⁻¹ 氨水洗脱而得,收集 pH 中性的流出液,于 50～60℃下蒸发除去水分,再用适当体积的水溶解。

3. 测定:

(1)标准曲线制作:在 10～400 μg·mL⁻¹ 范围内分别制作甜菜碱和胆碱标准曲线。

甜菜碱的标准曲线:配制 QACs 沉淀溶液时取 15.7 g 碘与 20 g KI 溶于 100 mL 1 mol·L⁻¹ HCl 溶液中,过滤,于 4℃下保存待用。每个浓度的标准溶液 0.5 mL 加入 0.2 mL QACs 沉淀溶液混匀,0℃下保温 90 min,间歇振荡。加入 2 mL 预冷水,迅速加入 20 mL 经 10℃预冷的二氯乙烷,在 4℃下剧烈振荡 5 min,4℃下静置至两相完全分开。恢复至室温,取下相测其在波长 365 nm 处吸光度值。

　　胆碱的标准曲线:同上,但反应试剂用胆碱沉淀溶液取代即可。配制胆碱沉淀溶液时,取 15.7 g 碘与 20 g KI 溶于 100 mL 0.4 mol·L^{-1} KH_2PO_4-NaOH 缓冲液(pH 8.0)中过滤,滤液于 4℃下保存待用。

　　(2)样品测定:按标准曲线制作方法分别测出四价铵化合物与胆碱的量。

　　(3)实验结果:甘氨酸甜菜碱含量为四价铵化合物的量与胆碱的量之差。

四、注意事项

被测植株若预先进行渗透胁迫处理,结果会更显著。

五、思考题

植物体内的渗透调节物质有哪些?

实验四十七　　过氧化氢含量的测定

一、实验目的与原理

1. 目的:很多生物和非生物逆境都会诱导过氧化氢(H_2O_2)的产生,H_2O_2作为信号分子在植物抗逆过程中起重要作用。因此,对H_2O_2在植物体内变化的了解,可反映出植物体对逆境胁迫的响应程度。通过本实验可了解H_2O_2含量测定的原理和方法。

2. 原理:H_2O_2与硫酸钛(或氯化钛)生成过氧化物-钛复合物黄色沉淀,可被H_2SO_4溶解后,在415 nm波长下比色测定。在一定范围内,其颜色深浅与H_2O_2浓度呈线性关系。

二、实验用品

1. 材料:分别取幼嫩和衰老的植物叶片或其他受逆境胁迫的植物组织。

2. 试剂:100 $\mu mol \cdot L^{-1}$ H_2O_2溶液:取30％分析纯H_2O_2 57 μL,溶于100 mL,再稀释100倍;2 $mol \cdot L^{-1}$硫酸溶液;5％(W/V)硫酸钛溶液;丙酮;浓氨水。

3. 器材:研钵,0.2 mL移液管2支,5 mL移液管1支,10 mL容量瓶7个,5 mL离心管8支,离心机,分光光度计。

三、实验内容与操作

1. 标准曲线的制作:取10 mL离心管7支,顺序编号,并按表47-1加入试剂。

表47-1　H_2O_2浓度标准曲线制作加样表　　　　　　　　　　　　　　　　mL

试剂	离心管号						
	1	2	3	4	5	6	7
100 $\mu mol \cdot L^{-1}$ H_2O_2溶液	0	0.1	0.2	0.4	0.6	0.8	1.0
4℃下预冷丙酮	1.0	0.9	0.8	0.6	0.4	0.2	0
5％硫酸钛溶液	0.1	0.1	0.1	0.1	0.1	0.1	0.1
浓氨水	0.2	0.2	0.2	0.2	0.2	0.2	0.2
3 000 r $\cdot$ min^{-1}离心10 min,弃去上清液,留沉淀							
2 $mol \cdot L^{-1}$硫酸溶液	5.0	5.0	5.0	5.0	5.0	5.0	5.0

待沉淀完全溶解后,将其小心转入10 mL容量瓶中,并用蒸馏水少量多次冲洗离心管,将洗涤液合并后定容至10 mL刻度,在415 nm波长下比色。

118

2.样品提取和测定:

(1)称取新鲜植物组织 2~5 g(视 H_2O_2 含量多少而定),按材料与提取剂 1:1 的比例加入 4℃下预冷的丙酮和少许石英砂研磨成匀浆后,转入离心管 3 000 r·min^{-1} 下离心 10 min,弃去残渣,上清液即为样品提取液。

(2)用移液管吸取样品提取液 1 mL,按表 47-1 加入 5‰硫酸钛和浓氨水,待沉淀形成后 3 000 r·min^{-1} 离心 10 min,弃去上清液。沉淀用丙酮反复洗涤 3~5 次,直到去除植物色素。

(3)向洗涤后的沉淀中加入 2 mol·L^{-1} 硫酸溶液 5 mL,待完全溶解后,与标准曲线同样的方法定容并比色。

3.结果计算:

$$植物组织中\ H_2O_2\ 含量(\mu mol·g^{-1}FW) = \frac{n \times V_t}{W \times V_1}$$

式中:n—标准曲线上查得样品中 H_2O_2 的物质的量,μmol;

　　V_t—样品提取液总体积,mL;

　　V_1—测定时用样品提取液体积,mL;

　　W—植物组织鲜重,g。

四、注意事项

H_2O_2 溶液在放置过程中会自行分解,因此久置的 H_2O_2 溶液临用前要经过重新标定。

五、思考题

H_2O_2 作为信号分子在植物抗逆过程中起何作用?

实验四十八　　氧自由基产生速率的测定

一、实验目的与原理

1. 目的：了解羟胺氧化法测定氧自由基的原理和方法。

2. 原理：利用羟胺氧化的方法可以检测生物系统中 $O_2^-\cdot$ 含量，$O_2^-\cdot$ 与羟胺反应生成 NO_2^-，NO_2^- 在对氨基苯磺酸和 α-萘胺作用下，生成粉红色的偶氮染料，染料在 530 nm 有显著吸收，根据吸光度值可以计算出样品中的 $O_2^-\cdot$ 含量。根据测得的吸光度值，查 NO_2^- 标准曲线，将吸光度值换算成 $[NO_2^-]$，然后依照羟胺与 $O_2^-\cdot$ 的反应式（如下），从 $[NO_2^-]$ 对 $[O_2^-\cdot]$ 进行化学计量，得到 $[O_2^-\cdot]$。根据记录样品与羟胺反应的时间和样品的鲜重，可求得 $O_2^-\cdot$ 产生速率 $[\mu mol\cdot(min\cdot mgFW)^{-1}]$。

$$NH_2OH+2O_2^-\cdot+H^+\longrightarrow NO_2^-+H_2O_2+H_2O$$

二、实验用品

1. 材料：分别取幼嫩和衰老的植物叶片或其他受逆境胁迫的植物组织。

2. 试剂：系列浓度的 $NaNO_2$；17 mmol·L^{-1} 对氨基苯磺酸（2.944 g·L^{-1}，以冰醋酸：水＝3∶1 配制）；7 mmol·L^{-1} α-萘胺（1.0 g·L^{-1}，以冰醋酸：水＝3∶1 配制）；50 mmol·L^{-1} 磷酸缓冲液；1 mmol·L^{-1} 盐酸羟胺（70 mg·L^{-1}）。

3. 器材：研钵，天平，恒温水浴锅，刻度试管，容量瓶，量筒，离心机，分光光度计。

三、实验内容与操作

1. 亚硝酸根标准曲线的制作：用 100 $\mu mol\cdot L^{-1}$ $NaNO_2$（7 mg·L^{-1}）母液配制 0、5、10、15、20、25 和 30 $\mu mol\cdot L^{-1}$ $NaNO_2$ 各 2 mL，分别加入 2 mL 对氨基苯磺酸和 2 mL α-萘胺，于 25℃ 中保温 20 min，然后测定 OD_{530}，以 $[NO_2^-]$ 和测得的波长 530 nm 的吸光度值作图，制得亚硝酸根标准曲线。

2. 植物提取液的制备：取上述植物组织 2 g，加 50 mmol·L^{-1} 磷酸缓冲液（pH 7.8）2 mL，充分研磨，10 000 r·min^{-1} 离心 20 min，上清液定容至 3 mL，此液即为 $O_2^-\cdot$ 产生待测液。

3. $O_2^-\cdot$ 产生速率的测定：0.5 mL 样品提取液中加入 0.5 mL 50 mmol·L^{-1} 磷酸缓冲液（pH 7.8）和 1.5 mL 1 mmol·L^{-1} 盐酸羟胺，摇匀，于 25℃ 中保温 1 h，然后再加入 2 mL 17 mmol·L^{-1} 对氨基苯磺酸（以冰醋酸：水＝3∶1 配制）和 2 mL 7 mmol·L^{-1} α-萘胺（以冰醋酸：水＝3∶1 配制），混合，于 25℃ 中保温 20 min，取出以分光光度计测定波长 530 nm 的吸光度值。

4.结果计算:根据实验原理中的反应式计算出不同处理的植物组织中 $O_2^-\cdot$ 产生速率,即

$$O_2^-\cdot 产生速率[\mu mol\cdot(min\cdot gFW)^{-1}]=2\times\frac{c\times V_t\times N}{W\times T}$$

式中:c—标准曲线上查得的样品中 NO_2^- 浓度,$\mu mol\cdot L^{-1}$;

N—样品提取液稀释倍数,即 4;

V_t—样品提取液总体积,L,即 3×10^{-3} L;

2—$O_2^-\cdot$ 的物质的量是 NO_2^- 的 2 倍;

W—植物组织鲜重,g;

T—反应时间,即 60 min。

四、注意事项

如果样品中含有大量叶绿素将干扰测定,可在样品与羟胺温浴后,加入等体积的乙醚萃取叶绿素,然后再加入对氨基苯磺酸和 α-萘胺作 NO_2^- 的显色反应。

五、思考题

$O_2^-\cdot$ 在植物体内参与哪些生化反应?

实验四十九　植物组织中蔗糖酶活力的测定

一、实验目的与原理

1. 目的：了解植物组织中提取蔗糖酶的方法，掌握 Nelson 方法测定蔗糖酶活力的原理。

2. 原理：蔗糖酶可将非还原性的蔗糖水解为葡萄糖和果糖，而葡萄糖作为还原糖含有的自由醛基，在碱性溶液中将 Cu^{2+} 还原，还原糖本身被氧化成羟酸。砷钼酸试剂与氧化亚铜生成蓝色复合物（砷钼蓝），在 510 nm 波长下吸收峰与还原糖浓度呈正比，从而确定蔗糖酶的活力，该法测定的范围为 25～200 μg。

二、实验用品

1. 材料：植物叶片。

2. 试剂：4 mmol·L^{-1} 葡萄糖溶液 20 mL；4 mmol·L^{-1} 蔗糖溶液 20 mL；0.5 mmol·L^{-1} 蔗糖溶液 200 mL；0.2 mol·L^{-1} 乙酸缓冲液（pH 4.5）200 mL；

Nelson 试剂：

A 试剂：100 mL 溶剂中含 Na_2CO_3 2.5 g，$NaHCO_3$ 2.0 g，Na_2SO_4 20 g，酒石酸钾钠 20 g。

B 试剂：100 mL 溶剂中含 $CuSO_4 \cdot 5H_2O$ 15 g，浓 H_2SO_4 2 滴。

以 A：B＝50：2 的比例混合即可使用，使用前需在 37 ℃ 以上溶解，防止溶质析出。

砷钼酸试剂：100 mL 中含钼酸铵 5 g，浓 H_2SO_4 4.2 mL，砷酸钠 0.6 g。

3. 器材：分光光度计，刻度具塞试管，恒温水浴，移液管。

三、实验内容与操作

1. 标准曲线制作：

（1）取 9 支具塞试管，按表 49-1 加样。

表 49-1　标准曲线制作加样表　　　　　　　　　　　　　　　　　　　　mL

试剂	管　号							
	1	2	3	4	5	6	7	8
4 mmol·L^{-1} 葡萄糖溶液	0	0.02	0.05	0.1	0.15	0.2	0.25	0.3
水	1.0	0.98	0.95	0.9	0.85	0.8	0.75	0.7
OD$_{510\,nm}$								

（2）向每管中加 1 mL Nelson 试剂，盖上塞子，置沸水浴中 20 min。冷至室温，向每管中

加 1 mL 砷钼酸试剂。

（3）5 min 后，向每管中加 7 mL 蒸馏水，混匀。

（4）在 510 nm 下测定光密度，以还原糖葡萄糖为横坐标，以 $OD_{510\,nm}$ 值为纵坐标，制作标准曲线。

2.酶活力测定：取 2 g 小麦苗，加入 2 mL 乙酸缓冲液，在冰浴中用研钵研磨成糊状，12 000 r·min^{-1} 离心 10 min，留取上清液用于酶活测定。取 2 支具塞刻度试管，向每个试管中加乙酸缓冲液 0.8 mL，0.5 mmol·L^{-1} 蔗糖溶液 0.2 mL，适当稀释的酶液 1 mL，以同样处理但不加酶液者为空白对照，室温下放置 10 min。然后向每管中加 1 mL Nelson 试剂，置沸水浴中 20 min。冷却至室温，向每管中加 1 mL 砷钼酸试剂，5 min 后，向每管中加 7 mL 蒸馏水，510 nm 下比色，测定光密度 $OD_{510\,nm}$。

3.结果计算：在室温、pH 为 4.5 的条件下，每分钟水解产生 1 μmol 葡萄糖所需的酶量定义为酶的 1 个活力单位（U）。

$$蔗糖酶活力（U·g^{-1}·min^{-1}）=\frac{测得还原糖含量×n×V×1\ 000}{W×t}$$

式中：n—稀释倍数；

　　　V—酶液的总体积，mL；

　　　W—样品重，g；

　　　t—时间，10 min；

　　　1 000—毫摩尔换算为微摩尔的倍数。

四、注意事项

1.酶液的提取过程要尽量在低温条件下进行。

2.配制葡萄糖标准液时，葡萄糖应在恒温干燥箱中 80℃下干燥至恒重。

五、思考题

为什么蔗糖酶也称为转化酶，它所催化的反应是否可逆？

实验五十　　纤维素酶活力的测定

一、实验目的与原理

1. 目的:学习和掌握 3,5-二硝基水杨酸(DNS)法测定纤维素酶活力的原理和方法,了解纤维素酶的作用特性。

2. 原理:纤维素酶是一种多组分酶,包括 C_1 酶、C_x 酶和 β-葡萄糖苷酶 3 种主要组分。其中 C_1 酶的作用是将天然纤维素水解成无定形纤维素,C_x 酶的作用是将无定形纤维素继续水解成纤维寡糖,β-葡萄糖苷酶的作用是将纤维寡糖水解成葡萄糖。纤维素酶水解纤维素产生的纤维二糖、葡萄糖等还原糖能将碱性条件下的 3,5-二硝基水杨酸(DNS)还原,生成棕红色的氨基化合物,在 540 nm 波长处有最大光吸收,在一定范围内还原糖的量与反应液的颜色强度呈比例关系,利用比色法测定其还原糖生成的量就可测定纤维素酶的活力。

二、实验用品

1. 材料:新华定量滤纸,脱脂棉,羧甲基纤维素钠,水杨酸苷。

2. 试剂:

(1)浓度为 1 mg·mL^{-1} 的葡萄糖标准液:将葡萄糖在恒温干燥箱中 105℃下干燥至恒重,准确称取 100 mg 于 100 mL 小烧杯中,用少量蒸馏水溶解后,移入 100 mL 容量瓶中用蒸馏水定容至 100 mL,充分混匀。于 4℃冰箱中保存(可用 12～15 d)。

(2)3,5-二硝基水杨酸(DNS)溶液:准确称取 DNS 6.3 g 于 500 mL 大烧杯中,用少量蒸馏水溶解后,加入 2 mol·L^{-1} NaOH 溶液 262 mL,再加到 500 mL 含有 185 g 酒石酸钾钠($C_4H_4O_6KNa·4H_2O$,相对密度为 282.22)的热水溶液中,再加 5 g 结晶酚(C_6H_5OH,相对密度为 94.11)和 5 g 无水亚硫酸钠(Na_2SO_3,相对密度为 126.04),搅拌溶解,冷却后移入 1 000 mL 容量瓶中用蒸馏水定容至 1 000 mL,充分混匀。贮于棕色瓶中,室温放置 1 周后使用。

(3)0.05 mol·L^{-1} pH 4.5 的柠檬酸缓冲液:

A 液(0.1 mol·L^{-1} 柠檬酸溶液):准确称取 $C_6H_8O_7·H_2O$(相对密度为 210.14)21.014 g 于 500 mL 大烧杯中,用少量蒸馏水溶解后,移入 1 000 mL 容量瓶中用蒸馏水定容至 1 000 mL,充分混匀。4℃冰箱中保存备用。

B 液(0.1 mol·L^{-1} 柠檬酸钠溶液):准确称取 $Na_3C_6H_5O_7·2H_2O$(相对密度为 294.12)29.412 g 于 500 mL 大烧杯中,用少量蒸馏水溶解后,移入 1 000 mL 容量瓶中,然后用蒸馏水定容至 1 000 mL,充分混匀。于 4℃冰箱中保存备用。

取上述 A 液 27.12 mL,B 液 22.88 mL,充分混匀后移入 100 mL 容量瓶中用蒸馏水定容至 100 mL,充分混匀,即为 0.05 mol·L^{-1} pH 4.5 的柠檬酸缓冲液。于 4℃冰箱中保存备用,用于测定滤纸酶活力。

(4)0.05 mol·L^{-1} pH 5.0 的柠檬酸缓冲液:取上述 A 液 20.5 mL,B 液 29.5 mL,充分混匀后移入 100 mL 容量瓶中用蒸馏水定容至 100 mL,充分混匀。即为 0.05 mol·L^{-1} pH 5.0 的柠檬酸缓冲液。于 4℃冰箱中保存备用,用于测定 C_1 酶活力。

(5)0.51％羧甲基纤维素钠(CMC)溶液:精确称取 0.51 g CMC 于 100 mL 小烧杯中,加入适量 0.05 mol·L^{-1} pH 5.0 的柠檬酸缓冲液,加热溶解后移入 100 mL 容量瓶中并用 0.05 mol·L^{-1} pH 5.0 的柠檬酸缓冲液定容至 100 mL,用前充分摇匀。于 4℃冰箱中保存备用,用于测定 C_X 酶活力。

(6)0.5％水杨酸苷溶液:准确称取 0.5 g 水杨酸苷于 100 mL 小烧杯中,用少量 0.05 mol·L^{-1} pH 4.5 的柠檬酸缓冲液溶解后,移入 100 mL 容量瓶中并用 0.05 mol·L^{-1} pH 4.5 的柠檬酸缓冲液定容至 100mL,充分混匀。于 4℃冰箱中保存备用,用于测定 β-葡萄糖苷酶活力。

(7)纤维素酶液的配制:准确称取纤维素酶制剂 500 mg 于 100 mL 小烧杯中,用少量蒸馏水溶解后,移入 100 mL 容量瓶中,用蒸馏水定容至 100 mL,此酶液的浓度为 5 mg·mL^{-1},于 4℃冰箱中保存备用。

3.器材:可见分光光度计,恒温水浴锅,沸水浴锅,电炉,剪刀,分析天平,恒温干燥箱,冰箱,试管架,胶头滴管,20 mL 具塞刻度试管,0.5 mL、2 mL 移液管或加液器,100 mL、1 000 mL 容量瓶,50 mL、100 mL、500 mL 量筒,100 mL、500 mL、1 000 mL 烧杯。

三、实验内容与操作

1.葡萄糖标准曲线的制作:取 8 支洗净烘干的 20 mL 具塞刻度试管,编号后按表 50-1 加入标准葡萄糖溶液和蒸馏水,配制成一系列不同浓度的葡萄糖溶液。充分摇匀后,向各试管中加入 1.5 mL DNS 溶液,摇匀后沸水浴 5 min,取出并冷却后用蒸馏水定容至 20 mL,充分混匀。在 540 nm 波长下,以 1 号试管溶液作为空白对照,调零点,测定其他各管溶液的光密度值并记录结果。以葡萄糖含量(mg)为横坐标,以对应的光密度值为纵坐标,在坐标纸上绘制出葡萄糖标准曲线。

表 50-1　葡萄糖标准曲线制作加样表

试剂	管号							
	1	2	3	4	5	6	7	8
葡萄糖标液/mL	0	0.2	0.4	0.6	0.8	1.0	1.2	1.4
蒸馏水/mL	2.0	1.8	1.6	1.4	1.2	1.0	0.8	0.6
葡萄糖含量/mg	0	0.2	0.4	0.6	0.8	1.0	1.2	1.4

2.滤纸酶活力的测定:取 4 支洗净烘干的 20 mL 具塞刻度试管,编号后各加入 0.5 mL 酶液和 1.5 mL 0.05 mol·L^{-1} pH 4.5 的柠檬酸缓冲液,向 1 号试管中加入 1.5 mL DNS 溶液以钝化酶活性,作为空白对照,比色时调零用。将 4 支试管同时在 50℃水浴中预热 5～10 min,再各加入滤纸条 50 mg(新华定量滤纸,约 1 cm × 6 cm),50℃水浴中保温 1 h 后取出立即向 2、3、4 号试管中各加入 1.5 mL DNS 溶液以终止酶反应,充分摇匀后沸水浴 5 min,取出冷却后用蒸馏水定容至 20 mL,充分混匀。以 1 号试管溶液为空白对照调零点,在

540 nm 波长下测定 2、3、4 号试管液的光密度值并记录结果。

根据 3 个重复光密度的平均值,在标准曲线上查出对应的葡萄糖含量,按下式计算出滤纸酶活力($U \cdot g^{-1} \cdot min^{-1}$)。在上述条件下,每小时由底物生成 1 μmol 葡萄糖所需的酶量定义为一个酶活力单位(U)。

3. C_1 酶活力的测定:将 5 $mg \cdot mL^{-1}$ 的原酶液稀释 10~15 倍后用于测定 C_1 酶活力,以脱脂棉为底物。

取 4 支洗净烘干的 20 mL 具塞刻度试管,编号后各加入 50 mg 脱脂棉,加入 1.5 mL 0.05 $mol \cdot L^{-1}$ pH 5.0 的柠檬酸缓冲液,并向 1 号试管中加入 1.5 mL DNS 溶液以钝化酶活性,作为空白对照,比色时调零用。将 4 支试管同时在 45℃水浴中预热 5~10 min,再各加入适当稀释后的酶液 0.5 mL,45℃水浴中保温 24 h。取出后立即向 2、3、4 号试管中各加入 1.5 mL DNS 溶液以终止酶反应,充分摇匀后沸水浴 5 min,取出冷却后用蒸馏水定容至 20 mL,充分混匀。以 1 号试管溶液为空白对照调零点,在 540 nm 波长下测定 2、3、4 号试管液的光密度值并记录结果。

根据 3 个重复光密度的平均值,在标准曲线上查出对应的葡萄糖含量,按下式计算出 C_1 酶活力($U \cdot g^{-1} \cdot min^{-1}$)。在上述条件下反应 24 h,由底物生成 1 μmol 葡萄糖所需的酶量定义为一个酶活力单位(U)。

4. C_X 酶活力的测定:将 5 $mg \cdot mL^{-1}$ 的原酶液稀释 5 倍后用于测定 C_X 酶活力,以 CMC 为底物。

取 4 支洗净烘干的 20 mL 具塞刻度试管,编号后各加入 1.5 mL 0.51% CMC 柠檬酸缓冲液,并向 1 号试管中加入 1.5 mL DNS 溶液以钝化酶活性,作为空白对照,比色时调零用。将 4 支试管同时在 50℃水浴中预热 5~10 min,再各加入稀释 5 倍后的酶液 0.5 mL,50℃水浴中保温 30 min 后取出,立即向 2、3、4 号试管中各加入 1.5 mL DNS 溶液以终止酶反应,充分摇匀后沸水浴 5 min,取出并冷却后用蒸馏水定容至 20 mL,充分混匀。以 1 号试管溶液为空白对照调零点,在 540 nm 波长下测定 2、3、4 号试管液的光密度值并记录结果。

根据 3 个重复光密度的平均值,在标准曲线上查出对应的葡萄糖含量,按下式计算出 C_X 酶活力($U \cdot g^{-1} \cdot min^{-1}$)。在上述条件下,每小时由底物生成 1 μmol 葡萄糖所需的酶量定义为一个酶活力单位(U)。

5. β-葡萄糖苷酶活力的测定:取 4 支洗净烘干的 20 mL 刻度试管,编号后各加入 1.5 mL 0.5%水杨酸苷柠檬酸缓冲液,并向 1 号试管中加入 1.5 mL DNS 溶液以钝化酶活性,作为空白对照,比色时调零用。将 4 支试管同时在 50℃水浴中预热 5~10 min,再各加入酶液 0.5 mL,50℃水浴中保温 30 min,取出后立即向 2、3、4 号试管中各加入 1.5 mL DNS 溶液以终止酶反应,充分摇匀后沸水浴 5 min,取出冷却后用蒸馏水定容至 20 mL,充分混匀。以 1 号试管溶液为空白对照调零点,在 540 nm 波长下测定 2、3、4 号试管液的光密度值并记录结果。

根据 3 个重复光密度的平均值,在标准曲线上查出对应的葡萄糖含量,按下式计算出 β-葡萄糖苷酶活力($U \cdot g^{-1} \cdot min^{-1}$)。在上述条件下,每小时由底物生成 1 μmol 葡萄糖所需的酶量定义为一个酶活力单位(U)。

6. 结果计算：

（1）葡萄糖标准曲线的制作（表 50-2）：

表 50-2　标准曲线制定加样表

项目	管　号							
	1	2	3	4	5	6	7	8
葡萄糖含量/mg	0	0.2	0.4	0.6	0.8	1.0	1.2	1.4
光密度（OD$_{540\,nm}$）	0							

　　根据表中数值，以葡萄糖含量（mg）为横坐标，以对应的光密度值为纵坐标，在坐标纸上绘制出葡萄糖标准曲线。

　　（2）滤纸酶活力的测定结果计算，填入表 50-3：

表 50-3　滤纸酶活力的测定数据表

项目	管　号				三管平均值
	1	2	3	4	
光密度（OD$_{540\,nm}$）	0				
葡萄糖含量/mg	0				

滤纸酶活力（U·g^{-1}·min^{-1}）=

$$\frac{葡萄糖含量（mg）\times 酶液定容总体积（mL）\times 5.56\ \mu mol}{反应液中酶液加入量（mL）\times 样品重（g）\times 时间（h）}$$

$$=\frac{葡萄糖含量（mg）\times 100\ mL \times 5.56\ \mu mol}{0.5\ mL \times 0.5\ g \times 1\ h}$$

式中：5.56——1 mg 葡萄糖的物质的量（1 000/180＝5.56），μmol。

　　（3）C$_1$ 酶活力的测定结果计算，填入表 50-4：

表 50-4　C$_1$ 酶活力的测定数据表

项目	管　号				三管平均值
	1	2	3	4	
光密度（OD$_{540\,nm}$）	0				
葡萄糖含量/mg	0				

C$_1$ 酶活力（U·g^{-1}·min^{-1}）=

$$\frac{葡萄糖含量（mg）\times 酶液定容总体积（mL）\times 稀释倍数 \times 5.56\ \mu mol \times 24\ h}{反应液中酶液加入量（mL）\times 样品重（g）\times 时间（h）}$$

$$=\frac{葡萄糖含量（mg）\times 100\ mL \times 稀释倍数 \times 5.56\ \mu mol \times 24\ h}{0.5\ mL \times 0.5\ g \times 24\ h}$$

式中：24——酶活力定义中的 24 h。

(4)C_X 酶活力的测定结果计算,填入表 50-5:

表 50-5　C_X 酶活力的测定数据表

项目	管　号				三管平均值
	1	2	3	4	
光密度($OD_{540\,nm}$)	0				
葡萄糖含量/mg	0				

C_X 酶活力 $(U \cdot g^{-1} \cdot min^{-1}) =$

$$\frac{葡萄糖含量(mg) \times 酶液定容总体积(mL) \times 稀释倍数 \times 5.56\ \mu mol}{反应液中酶液加入量(mL) \times 样品重(g) \times 时间(h)}$$

$$= \frac{葡萄糖含量(mg) \times 100\ mL \times 5(倍) \times 5.56\ \mu mol}{0.5\ mL \times 0.5\ g \times 0.5\ h}$$

(5)β-葡萄糖苷酶活力的测定结果计算,填入表 50-6:

表 50-6　β-葡萄糖苷酶活力的测定数据表

项目	管　号				三管平均值
	1	2	3	4	
光密度($OD_{540\,nm}$)	0				
葡萄糖含量/mg	0				

β-葡萄糖苷酶活力 $(U \cdot g^{-1} \cdot min^{-1}) =$

$$\frac{葡萄糖含量(mg) \times 酶液定容总体积(mL) \times 5.56\ \mu mol}{反应液中酶液加入量(mL) \times 样品重(g) \times 时间(h)}$$

$$= \frac{葡萄糖含量(mg) \times 100\ mL \times 5.56\ \mu mol}{0.5\ mL \times 0.5\ g \times 0.5\ h}$$

四、注意事项

1.DNS 溶液配制时,将含 DNS 的 NaOH 溶液加到含酒石酸钾钠的热水溶液中,一定要慢倒,边倒边搅拌,以防被烫。

2.纤维素酶液的浓度可根据不同酶制剂的活力而相应调整。如果酶活力高,酶浓度可小些;反之,酶活力低时,酶浓度则大些。

3.测定酶活时,滤纸条和脱脂棉等底物一定要充分浸入反应液中。

五、思考题

1.为什么用产物的生成量来定义酶活单位而不用底物减少量来定义?

2.DNS 为什么能钝化纤维素酶活性?

3.为什么在测定 C_1 酶活力和 C_X 酶活力时,酶液要稀释?

植物组织中游离氨基酸总量的测定

一、实验目的与原理

1. 目的：氨基酸(amino acid)是组成蛋白质的基本单位，也是蛋白质的分解产物。植物根系吸收和同化的氮素主要以氨基酸和酰胺的形式进行运输。所以测定植物组织中不同时期、不同部位游离氨基酸的含量，对于研究根系生理、氮素代谢等有一定意义。本实验的目的是掌握茚三酮显色法测定氨基酸含量的原理和方法。

2. 原理：氨基酸的游离氨基与水合茚三酮反应(如下)。首先，氨基酸脱氨脱羧被氧化，水合茚三酮被还原成还原型茚三酮。接着，还原型茚三酮与另一个氧化型茚三酮分子和氨缩合生成蓝紫色化合物，称为 Ruhemans 紫。其吸收峰为 570 nm，且在一定范围内，其颜色深浅与氨基酸的含量成正比。据此，可用分光光度计在波长 570 nm 下测定反应产物的吸光度值，根据标准曲线计算出未知样品中氨基酸的总量。脯氨酸与茚三酮反应生成黄色物质，需另行测定。

(1)

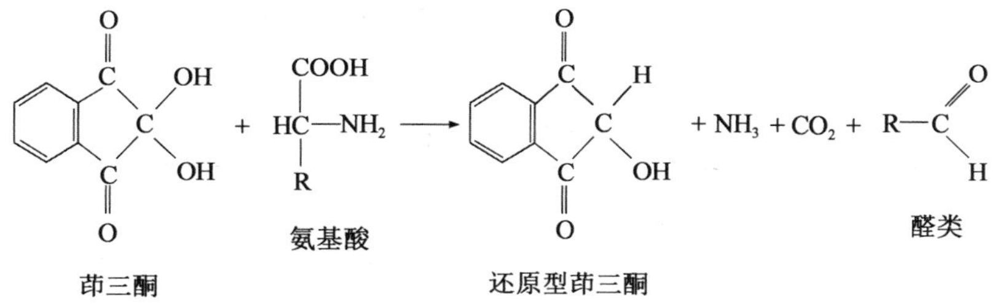

茚三酮   氨基酸   还原型茚三酮   醛类

(2)

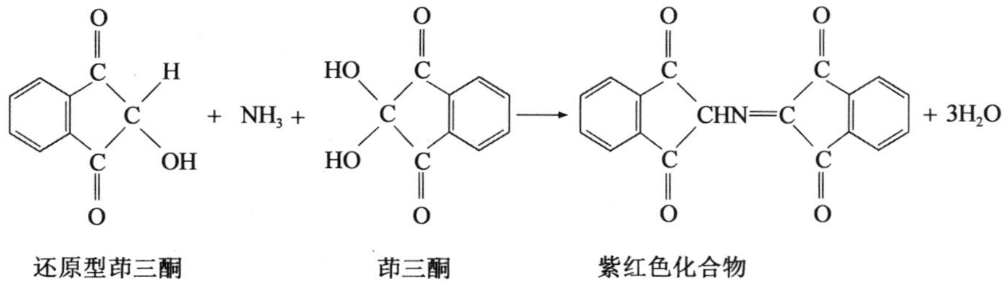

还原型茚三酮   茚三酮   紫红色化合物

二、实验用品

1. 材料：各种植物组织。

2.试剂:

(1)水合茚三酮试剂:称取 0.6 g 再结晶的茚三酮置于烧杯中,加入 15 mL 正丙醇,搅拌使其溶解。再加入 30 mL 正丁醇及 60 mL 乙二醇,最后加入 9 mL pH 5.4 的乙酸-乙酸钠缓冲液,混匀,贮于棕色瓶中,置冰箱中保存备用,10 天内有效。

(2)pH 5.4 乙酸-乙酸钠缓冲液:称取结晶乙酸钠 54.4 g,加 100 mL 无氨蒸馏水,在电炉上加热至沸,使体积蒸发至原体积的一半。冷却后加 30 mL 冰乙酸,用无氨蒸馏水定容至 100 mL。

(3)标准氨基酸溶液:称取 80℃ 下烘干的亮氨酸 46.8 mg,溶于少量 10% 异丙醇中,用 10% 异丙醇定容至 100 mL。取此液 5 mL,用无氨蒸馏水稀释至 50 mL,即为含氮 5 μg·mL^{-1} 的标准氨基酸溶液。

(4)0.1% 抗坏血酸:称取 50 mg 抗坏血酸溶于无氨蒸馏水中,并定容至 50 mL,随用随配。

(5)10% 乙酸:用无氨蒸馏水配制,按 V/V 计。

3.器材:分光光度计,恒温水浴,天平,容量瓶,漏斗,三角瓶,研钵,具塞刻度试管,移液管等。

三、实验内容与操作

1.标准曲线制作:取 6 支 20 mL 具塞刻度试管,编号,按表 51-1 添加试剂。混匀,盖上玻塞,置沸水浴中加热 15 min,然后取出放在冷水浴中迅速冷却并经常摇动,使加热时形成的红色逐渐被空气氧化而褪色,直至溶液呈蓝紫色时,加 5 mL 无氨蒸馏水,混匀,用光径 1 cm 的比色杯,在波长 570 nm 下测定其吸光度值。以氨基态氮量为横坐标,吸光度值为纵坐标,绘制标准曲线。

表 51-1　标准曲线制作加样表

项目	试管编号					
	1	2	3	4	5	6
标准亮氨酸/mL	0	0.2	0.4	0.6	0.8	1.0
无氨蒸馏水/mL	2.0	1.8	1.6	1.4	1.2	1.0
水合茚三酮/mL	3.0	3.0	3.0	3.0	3.0	3.0
抗坏血酸/mL	0.1	0.1	0.1	0.1	0.1	0.1
氨基态氮量/μg	0	1.0	2.0	3.0	4.0	5.0
吸光度值						

2.样品提取:取新鲜植物样品,洗净、擦干并剪碎、混匀后,迅速称取 0.5~1.0 g,于研钵中加入 5 mL 10% 乙酸,研磨成匀浆后,用无氨蒸馏水定容至 100 mL,摇匀,上清液用干滤纸过滤到三角瓶中备用。

3.样品测定:吸取上清液 1 mL,放入 20 mL 具塞刻度试管中,加无氨蒸馏水 1 mL,其他步骤与制作标准曲线操作相同,测定样品液的吸光度值,根据吸光度值在标准曲线上查得样品液的含氮量。

4.结果计算:

$$游离氨基酸含量(mg \cdot 100 \ g^{-1}FW) = \frac{C \times V}{W \times 1\ 000} \times 100$$

式中:C—为从标准曲线上查得的含氮量,μg;

　　V—样品液总体积,mL;

　　W—样品重,g。

四、注意事项

1.合格的茚三酮应该是微黄色结晶,若保管不当,则颜色加深或变成微红色,必须重结晶后方可使用。其方法如下:5 g 茚三酮溶于 15 mL 热蒸馏水中,加入 0.25 g 活性炭,轻轻摇动,溶液太稠时,可适量加水,30 min 后用滤纸过滤,滤液置冰箱中过夜后即可见微黄色结晶析出,用干滤纸过滤,再用 1 mL 蒸馏水洗结晶一次,置于干燥器中干燥后贮于棕色瓶中。

2.氨基酸与茚三酮反应十分灵敏,需用无氨蒸馏水。

3.所生成的颜色在 1 h 内保持稳定,稀释后应抓紧时间比色,用水稀释反应生成物时,须在 0.5 h 内测完。

4.由于空气中氧干扰颜色反应,以抗坏血酸为还原剂,可提高反应的灵敏度并使颜色稳定,但由于抗坏血酸也可与茚三酮反应,使溶液显色过深,故应严格掌握加入抗坏血酸的量。

5.反应时的温度影响显色的稳定性,在沸水浴中加热温度超过 80℃,溶液易褪色。在80℃水浴中加热,适当延长反应时间会获得良好的效果。

五、思考题

1.在比色的时候,数据容易不稳定,原因是什么? 如何避免?

2.这个实验的原理是什么?

实验五十二　植物组织中可溶性糖含量的测定

一、实验目的与原理

1. 目的：可溶性糖多是带有甜味的一些糖，如葡萄糖、果糖、蔗糖、麦芽糖等。可溶性糖含量是果实品质的一项重要指标，果实成熟过程中可溶性糖含量增加。可溶性糖也是植物细胞渗透调节物质之一，干旱条件下植物组织中可溶性糖含量增加。测定可溶性糖含量可用于分析果实品质，了解植物的生理状况。本实验目的在于掌握蒽酮比色法测定可溶性糖含量的原理和方法。

2. 原理：糖(sugar)在浓硫酸作用下，可经脱水反应生成糠醛或羟甲基糠醛，生成的糠醛或羟甲基糠醛与蒽酮脱水缩合，形成糠醛的衍生物，呈蓝绿色，其吸收峰为 625 nm。在一定范围内，颜色的深浅与糖的含量成正比，故可用于糖的定量测定。

$$\text{戊糖} \xrightarrow[\text{浓硫酸}]{-3H_2O} \text{糠醛}$$

$$\text{己糖} \xrightarrow[\text{浓硫酸}]{-3H_2O} \text{羟甲基糠醛}$$

$$\text{羟甲基糠醛} + \text{蒽酮} \longrightarrow \text{糠醛衍生物(绿色)}$$

二、实验用品

1. 材料：各种植物组织，如根、茎、叶、果实、种子等。

2. 试剂。80%乙醇;100 $\mu g \cdot mL^{-1}$ 标准葡萄糖溶液:准确称取烘干至恒重的葡萄糖100 mg,用80%乙醇溶解后定容至1 000 mL;蒽酮试剂:称取蒽酮0.1 g溶于100 mL硫酸溶液(将76 mL相对密度为1.84的浓硫酸用蒸馏水稀释到100 mL),贮于棕色瓶,当日配制使用。

3. 器材:分光光度计,天平,水浴锅,离心机或漏斗,具塞刻度试管,容量瓶,移液管等。

三、实验内容与操作

1. 标准曲线的制作:取7支大试管,按表52-1添加试剂,立即摇匀,盖上盖子,在沸水浴中煮沸10 min,取出冷却至室温,用0管调零,在625 nm波长下比色。以标准葡萄糖含量作横坐标,以吸光度值作纵坐标,绘制标准曲线。

表 52-1　标准曲线制作加样表

试剂	试管编号						
	0	1	2	3	4	5	6
标准葡萄糖溶液/mL	0	0.1	0.2	0.4	0.6	0.8	1.0
蒸馏水/mL	1.0	0.9	0.8	0.6	0.4	0.2	0
蔗糖浓度/($\mu g \cdot mL^{-1}$)	0	10	20	40	60	80	100
蒽酮试剂/mL	5	5	5	5	5	5	5

2. 样品提取:将植物组织烘干、粉碎,准确称取50~250 mg,放入具塞刻度试管中,加80%乙醇10~15 mL,沸水浴提取30 min。离心后收集上清液,其残渣再加80%乙醇10~15 mL重复提取2次,合并上清液。如是绿色组织,提取液需加少量活性炭于70℃下脱色、过滤,定容至50 mL待测。如为鲜样,称取0.5~1 g,加少许石英砂研磨成匀浆,连同残渣一起用蒸馏水定容至100 mL,室温下浸提30~60 min,其间经常摇动,离心或过滤,弃去残渣,测前适当稀释。

3. 样品测定:吸取1 mL提取液于大试管中,加入5 mL蒽酮试剂,摇匀,用上述同样方法,在625 nm处比色,记录吸光度值,从标准曲线上查出提取液中的可溶性糖含量。

4. 结果计算:

$$可溶性糖含量 = \frac{c \times V}{W \times 1\,000} \times 100\%$$

式中:c——从标准曲线上查得的蔗糖浓度,$\mu g \cdot mL^{-1}$;

　　　V——样品总体积,mL;

　　　W——样品重,mg。

四、注意事项

1. 提取可溶性糖所剩残渣放在80℃烘箱中烘干,可用于测定淀粉和纤维素。

2. 由于蒽酮试剂与糖反应的呈色强度随时间变化,故必须在反应后立即在同一时间比色。

五、思考题

1. 应用蒽酮法测得的可溶性糖包括哪些?

2. 为什么要用80%酒精提取可溶性总糖?

实验五十三　谷物中淀粉含量的测定

一、实验目的与原理

1. 目的:淀粉(starch)是植物的主要贮藏物质,大部分贮存于种子、块根和块茎中。淀粉不仅是重要的营养物质,并且在工业上的应用也很广泛。测定谷物中淀粉的含量对于鉴定农产品的品质和改进农业生产技术有很大的意义。

2. 原理:淀粉是由葡萄糖残基组成的多糖,在酸性条件下加热使其水解成葡萄糖,然后在浓硫酸的作用下,使单糖脱水生成糠醛类化合物,利用蒽酮试剂与糠醛化合物的显色反应,即可进行比色测定。

二、实验用品

1. 材料:面粉或其他风干粉碎的样品

2. 试剂:浓 H_2SO_4(相对密度 1.84),蒽酮试剂(同实验五十二),80％乙醇,4.6 mol·L^{-1} $HClO_4$ 溶液和 9.2 mol·L^{-1} $HClO_4$ 溶液。

3. 器材:植物样品粉碎机,离心机,天平,分光光度计,恒温水浴锅,分样筛(100 目),漏斗,离心管等。

三、实验内容与操作

1. 标准曲线制作:同实验五十二。

2. 样品的提取:称取 50～100 mg 粉碎过 100 目筛的烘干样品,置于 15 mL 刻度试管中,加入 6～7 mL 80％乙醇,在 80℃水浴中提取 30 min,取出离心(3 000 r·min^{-1})5 min,收集上清液。重复提取两次(各 10 min)并同样离心,收集 3 次上清液合并于烧杯,置于 85℃恒温水浴锅中,使乙醇蒸至 2～3 mL,搅拌均匀,放入沸水浴中糊化 15 min。冷却后,加入 2 mL 冷的 9.2 mol·L^{-1} $HClO_4$,不时搅拌,提取 15 min 后加蒸馏水至 10 mL,混匀,离心 10 min,上清液倾入 50 mL 容量瓶。再向沉淀中加入 2 mL 4.6 mol·L^{-1} $HClO_4$ 溶液,搅拌提取 15 min 后加水至 10 mL,混匀后离心 10 min,收集上清液于容量瓶中。然后用水洗沉淀 1～2 次,离心,合并离心液于 50 mL 容量瓶,用蒸馏水定容供测淀粉用。

3. 样品测定:取待测样品提取液 1.0 mL 于试管中,再加蒽酮试剂 5 mL,快速摇匀,然后在沸水浴中煮 10 min,取出冷却,在 625 nm 下,用空白调零测定吸光度值,从标准曲线查出糖含量(μg)。

4. 结果计算:

$$淀粉含量(mg·g^{-1})=\frac{c \times V_T \times 0.9}{m \times V_1 \times 1\,000}$$

式中:c——从标准曲线上查得的蔗糖浓度,$\mu g \cdot mL^{-1}$;

　　V_T——样品提取液总体积,mL;

　　V_1——显色时所取样品液的体积,mL;

　　m——样品重,mg;

　　0.9——由葡萄糖换算为淀粉的系数。

四、注意事项

1.实验中的显色液是强酸溶液,使用中注意安全,不要溅到身上和设备上。

2.实验过程中淀粉应充分分解为葡萄糖,否则实验结果会偏低。

3.淀粉溶液加热后,必须迅速冷却,以防止淀粉老化,形成高度晶化的不溶性淀粉分子微束。

五、思考题

1.蒽酮法测定总淀粉含量和可溶性糖含量的原理和方法有何异同点?如何进行正确的测定?

2.除了蒽酮法外,测定植物总淀粉含量的方法还有哪些?其原理是什么?

实验五十四　果实、蔬菜中有机酸含量的测定

一、实验目的与原理

1.目的:有机酸广泛存在于植物的各个器官中,并在代谢中起着重要作用。有机酸含量随植物的不同部位有所不同。在果实和浆果中,自由酸最多,而在叶中主要是有机酸的盐类,它们的含量因栽培条件而异。果蔬在成熟和储藏过程中,有机酸的性质与含量都发生变化,同时也是果实的一个风味和品质指标。故测定果蔬中有机酸含量,可以鉴别其品质的变化。

2.原理:有机酸易溶于水、醇和醚中,可用这些溶剂先将有机酸提取出来,然后用碱液滴定,即能测定出有机酸的含量。

二、实验用品

1.材料:苹果,橘子或其他植物组织。
2.试剂:1％ 酚酞试剂,0.1 mol·L⁻¹ NaOH 溶液。
3.器材:天平,恒温水浴,研钵,漏斗,滴定管,移液管,容量瓶,量筒,三角瓶。

三、实验内容与操作

1.提取:称取果实或蔬菜 5 g 放入研钵中,加少许石英砂研磨成匀浆,用少量蒸馏水冲洗至 50 mL 三角瓶中,再加水至 30 mL 左右,置于 80℃水浴中浸提 30 min,每隔 5 min 搅拌 1 次,取出冷却后过滤,滤液与冲洗残渣滤液合并,定容 50 mL,摇匀,供测定之用。

2.测定:取 50 mL 干洁三角瓶 3 只,分别装入样品提取液 10 mL,1％ 酚酞 2 滴,用 0.1 mol·L⁻¹ NaOH 溶液滴定至微红色,摇动 1 min 不褪色即为滴定终点,记录消耗碱液的数量,将实验结果记入表 54-1。如提取液有颜色时可能干扰滴定终点,为此可在提取液中放入一块石蕊试纸,根据颜色变化来确定终点。

表 54-1　样品中有机酸含量测定

样品名称	样品重（W/g）	稀释总量（V₁/mL）	测定时所取样液体积（V₂/mL）	滴定时消耗NaOH 溶液体积（V₃/mL）	折算系数及酸的种类（K）	有机酸含量/％
苹果						
橘子						

3.结果计算:

$$有机酸含量 = \frac{K \times c \times V_3}{W} \times \frac{V_1}{V_2} \times 100\%$$

式中:W—样品质量,g;

　　c—NaOH 浓度,0.1 mol·L^{-1};

　　K—换算系数:苹果酸为 67,酒石酸为 75;

　　V_1—提取时样液总量,mL;

　　V_2—测定时样液用量,mL;

　　V_3—消耗 NaOH 溶液体积,mL。

四、注意事项

滴定时,滴定管下端气泡要排除。

五、思考题

分析比较不同果实或不同成熟度果实有机酸含量的差异原因。

实验五十五　高粱籽粒中单宁含量的测定

一、实验目的与原理

1. 目的：单宁通常被认为是一些水溶性的多酚类化合物，其分子质量为 $500\sim3\,000$ ku。单宁除了具有酚类化合物的性质以外，还能沉淀生物碱、明胶和蛋白质等。单宁存在于许多植物的根、茎、叶、花和果实中，且与水果成熟前后的涩味密切相关。同时也发现在大麦、小麦和多种食用豆类作物的籽粒中也含有单宁。测定单宁含量可以了解果蔬、作物品质。

2. 原理：根据单宁含有能还原磷钨钼酸的芳香族羟基，在碳酸钠介质中，能将显色剂的 6 价钨（钼）还原成 5 价，显现出钨（钼）深蓝色，其颜色深浅与单宁的含量成正比。本实验浸提高粱中的单宁类化合物，在碳酸钠溶液中，与磷钨钼酸反应，产生深蓝色物质，测定单宁的含量。

二、实验用品

1. 材料：高粱籽粒。

2. 试剂：

（1）F-D(Folin-Denis)试剂：1 000 mL 烧瓶中加 750 mL 蒸馏水，再加入 $Na_2WO_4 \cdot 2H_2O$ 100 g、磷钼酸 20 g 及 H_3PO_4(85%)50 mL，用橡皮塞塞紧，塞中插一支干净的长 $50\sim100$ cm 细玻璃管，玻璃管下端插入溶液，将烧瓶置于可调电炉上（加石棉网），并固定在铁架上，温火煮沸回流 2 h，冷却后用蒸馏水稀释至 1 000 mL。

（2）饱和 Na_2CO_3 溶液。

（3）0.1 mg·mL^{-1} 单宁酸贮备液：精确称取单宁酸 10 mg 溶于蒸馏水，然后定容至 100 mL，现用现配。

3. 器材：恒温水浴，恒温箱，容量瓶，离心机，移液管，烧杯，漏斗，分光光度计。

三、实验内容与操作

1. 标准曲线的绘制：吸取新配制的 0.1 mg·mL^{-1} 的单宁酸贮备液 0、1.0、2.0、4.0、6.0、8.0 mL 分别装于 100 mL 容量瓶中，然后加入 5 mL F-D 试剂及 10 mL 饱和 Na_2CO_3 溶液，蒸馏水定容至 100 mL，并充分摇匀。30 min 后，用分光光度计在 760 nm 波长处读取光密度值。以光密度值为纵坐标，单宁酸量为横坐标，绘制标准曲线。

2. 样品提取：手工精选整粒高粱样品，除去颖片、碎粒及杂物。称取样品 5 g，装于 100 mL 烧杯中，加水约 50 mL，放在 60℃ 左右的保温箱中过夜。第二天，将上清液过滤至 250 mL 容量瓶中，然后再加入约 40 mL 80℃ 左右的蒸馏水，置于 80℃ 水浴中浸提 20 min，将滤液过滤至上述 250 mL 容量瓶中，如此反复 $3\sim5$ 次，直至提净为止（检查方法：最后一次滤

液与 $FeCl_3$ 稀溶液混合不再产生绿色或蓝色）。最后定容至 250 mL,摇匀。

　　3.样品测定:取出一部分浸提液离心,吸取 1 mL 上清液,置于预先盛有 70 mL 蒸馏水的 100 mL 容量瓶中,加入 5 mL F-D 试剂及 10 mL 饱和 Na_2CO_3 溶液,蒸馏水定容至 100 mL,并充分摇匀。30 min 后,用分光光度计在 760 nm 波长处读取光密度值。

　　4.结果计算:

$$单宁含量 = \frac{A \times 250}{W \times 1\,000} \times 100\%$$

式中:A——从标准曲线查得的单宁酸量,mg;

　　　W——样品重,g。

四、注意事项

　　1.使用碳酸钠时,如果显色液出现乳白色浑浊或者沉淀,比色前应离心。

　　2.若改用 NaOH 做介质时,也要消除浑浊、沉淀现象。

五、思考题

　　1.简述测定谷物中单宁含量的基本原理。

　　2.干扰单宁含量测定的主要因素有哪些?怎样避免?

实验五十六 植物组织中酚类物质含量的测定

一、实验目的与原理

1.目的:植物组织中的酚类物质在多酚氧化酶的催化下被氧化为醌,醌可自动聚合成有色物质,发生褐变。因此,对植物组织内酚类物质进行定量测定具有一定意义,是植物抗性生理研究中经常用到的一个指标。本实验的目的在于学习测定酚类物质含量的原理及方法。

2.原理:酚类物质含量测定常采用 Folin-酚法。酚类物质在碱性条件下可与 Folin-酚试剂中的磷钨酸和磷钼酸反应生成钨蓝和钼蓝化合物,该物质在 700 nm 处有最大光吸收,其吸光度的大小与酚类物质的含量成正比。因此,通过测定吸光度的大小即可测定植物组织中酚类物质的含量。

二、实验用品

1.材料:各种植物组织。

2.试剂:

(1)Folin-酚试剂:称取钨酸钠 25 g 和磷钼酸 5 g,放入回流瓶中,加 12.5 mL 磷酸和 188 mL 蒸馏水,一起回流煮沸 2 h,冷却后用蒸馏水定容至 1 000 mL。

(2)10% Na_2CO_3:称取 10 g Na_2CO_3 溶于 100 mL 蒸馏水中。

(3)标准酚溶液:0.45 mmol·L^{-1} 邻苯二酚溶液。

3.仪器:分光光度计,离心机,研钵,试管,试管架,移液管等。

三、实验内容与操作

1.酚类物质的提取:称取 1 g 植物材料,加少量水研磨成匀浆,充分洗涤研钵,定容至 100 mL。用时可适当稀释。

2.标准曲线的制作:按表 56-1 加入各种试剂,混匀,3 min 后加 10% Na_2CO_3 2 mL,振摇,室温下静置 1 h 后测定其在 700 nm 处的吸光度。以酚溶液浓度为横坐标,吸光度为纵坐标,绘制标准曲线。

表 56-1 标准曲线制作加样表

试剂	试管编号					
	1	2	3	4	5	6
标准酚溶液/mL	0	0.2	0.4	0.6	0.8	1.0
蒸馏水/mL	2.0	1.8	1.6	1.4	1.2	1.0
最终浓度/(μmol·mL^{-1})	0	45	90	135	180	225
Folin-酚试剂/mL	2	2	2	2	2	2

3.样品酚含量的测定:将提取液适当稀释,吸取 2 mL 置于试管中,加 2 mL Folin-酚试剂,3 min 后加 10% Na_2CO_3 2 mL,振摇,室温下静置 1 h 后测定其在 700 nm 处的吸光度,在标准曲线上查出对应的酚浓度。

4.结果计算:

$$酚含量(\mu mol \cdot g^{-1}) = \frac{c \times V}{W}$$

式中:c—为从标准曲线上查得的酚浓度,$\mu mol \cdot mL^{-1}$;

V—为样品体积,mL;

W—为样品质量,g。

四、注意事项

酚类物质提取时避免被氧化。

五、思考题

测定植物组织中酚类物质的含量有何意义?

实验五十七　植物生物碱含量的测定

一、实验目的与原理

1.目的:生物碱是指天然的含氮有机化合物,但不包括氨基酸、蛋白质、核苷、叶啉、胆碱甲胺等开链的简单脂肪胺。它的氮原子常在环上,生物碱多具有复杂环状结构和较强的生理活性。植物中的生物碱大多有明显的生理活性。如抗菌消炎、镇痛止喘、抗癌活性、抗中毒性休克作用等作用,常常作为药材使用。测定植物的总生物碱的含量有助于控制中药材的质量、反映药材的疗效,以及为保健食品、天然防腐剂的开发提供很好的应用基础研究。

2.原理:生物碱大部分溶于有机溶剂,只有少数可溶于水。在植物体内常与酸结合成盐,所以提取时应先将植物材料与少量碱混合(如 10％氨水),使生物碱转成游离状态后用有机溶剂提取。测定的方法主要有滴定法(直接滴定法和回滴法)、酸性染料比色法和导数分光光度法。酸性染料比色法在文献中采用较多,被认为是较理想的方法。文献中采用的染料有嗅甲酚绿、嗅甲酚蓝等,缓冲液也有多种。本实验采用分光光度法,以荷叶为例,以溴甲酚绿缓冲液为显色剂,以荷叶碱为对照,测定荷叶中总生物碱的含量。

二、实验用品

1.材料:荷叶(市售)等植物材料。

2.试剂:荷叶碱对照品,乙醚,三氯甲烷,溴甲酚绿,邻苯二甲酸氢钾,氢氧化钠(市售分析纯)。

3.器材:可见－紫外分光光度计,电子天平,R201 型旋转蒸发仪。

三、实验内容与操作

1.对照品溶液的制备:精密称取荷叶碱约 10 mg,置于 25 mL 容量瓶中,加三氯甲烷至刻度,摇匀,精密吸取 2.5 mL 于 25 mL 容量瓶中,加三氯甲烷至刻度,摇匀,备用。

2.供试品溶液的制备:取粉碎到一定程度的荷叶粉末适量,用 pH 为 3～4 的盐酸水溶液恒温提取 10 h,过滤,得红棕色稍黏稠的滤液,第一次滤液真空浓缩到一定体积,再过滤,得到的第二次滤液用氯仿萃取两次,以除去脂肪烃及树脂类杂质,水层调 pH 至 6～7 过滤以除去鞣质及鞣酸盐类杂质,继续加碱液至 pH 为 9 左右即得荷叶生物碱提取液,经旋转蒸发仪蒸发浓缩成 10 mL 浓缩液,待用。

或者取荷叶,粉碎成粗粉,精密称取约 4 g 于索氏提取器中,加入 80 mL 三氯甲烷,加热回流提取 4 h,冷却后过滤,蒸干,残渣加三氯甲烷分次溶解移入 100 mL 容量瓶中,加三氯甲烷至刻度,摇匀,精密吸取 1 mL 于 25 mL 容量瓶中,加三氯甲烷至刻度,摇匀,备用。也可以超声波提取,较好的提取条件为 65％乙醇、料液比 1∶50(m/V)、pH 5、超声频率 45 kHz、超声时间 0.5 h、超声温度 80℃。

3. 溴甲酚绿缓冲液的制备：精密称取溴甲酚绿(别名:溴甲酚蓝)125 mg,用 0.2 mol·L^{-1} NaOH 溶液 12.5 mL 溶解,加入邻苯二甲酸氢钾 2.50 mg,加少量水溶解,转移至 250 mL 容量瓶中,加水至刻度,摇匀,备用。(注:0.05％溴麝香草酚蓝缓冲液可替代)

4. 标准曲线制作:分别精密吸取 0、0.5、1.0、1.5、2.0、2.5 mL 对照品溶液于试管中(或 5 mL 容量瓶),加三氯甲烷至 5 mL,振摇,移至分液漏斗中,精密加入溴甲酚绿缓冲液和 0.2 mol·L^{-1} NaOH 溶液各 1 mL,摇匀,静置,取澄清的三氯甲烷液在 415 nm 波长处进行测定,以浓度为纵坐标,吸收值为横坐标,得回归方程:$y = Ax + B$。

5. 荷叶总生物碱的测定:取三批荷叶,以三氯甲烷加溴甲酚绿缓冲液和 0.2 mol·L^{-1} NaOH 溶液为空白,按照 4 标准品含量测定程序,比色结果代入回归方程,计算样品荷叶总生物碱含量。

6. 结果计算:

$$生物碱含量(\mu mol·g^{-1}) = \frac{c \times V}{W}$$

式中:c—从标准曲线上查得的生物碱浓度,$\mu mol·mL^{-1}$;

　　　V—样品体积,mL;

　　　W—样品重,g。

四、注意事项

1. 不同植物的生物碱种类不同,其提取方法应有所区别。

2. 如果选取的显色染料不同,测定波长需要重新扫描。

五、思考题

比较不同粉碎程度的植物材料生物碱含量差异。

实验五十八　　植物黄酮化合物含量的测定

一、实验目的与原理

1. 目的：通常我们把具有 C_6-C_3-C_6 碳骨架结构的一类物质称为类黄酮（flavonoid）化合物，包括黄酮类（flavones）、黄酮醇类（flavonols）、黄烷酮类（flavanones）、喳耳酮类（chalcones）、花色素苷类（anthocyanins）等，这类化合物广泛分布于植物的各个器官中，与植物的生长和发育都有关系，近年人们还发现它们也是对人类健康非常有益的物质。

2. 原理：类黄酮化合物在植物中大都以糖苷的形式存在，所以在提取过程中应防止植物自身的酸性引起糖苷水解，提取时可加入少许 $CaCO_3$ 以避免之。提取时可根据化合物的性质来选择溶剂，醇类适用于糖苷类及含有多个羟基的化合物，如果化合物的甲基化程度高或为非糖苷型，则用乙醚较合适。测定黄酮化合物含量可直接使用分光光度法，利用黄酮类化合物结构上的酚羟基及其还原性特征进行显色，在特定波长下测定黄酮类化合物。常用的显色试剂有 $Al(NO_3)_3$、$AlCl_3$ 等金属盐，Al^{3+} 可与黄酮类化合物分子中羟基反应生成有色金属络合物。

二、实验用品

1. 材料：柑橘类水果、银杏叶片、荷叶等。

2. 试剂：70% 乙醇，乙醚，5% $NaNO_2$ 溶液，10% $Al(NO_3)_3$ 溶液，4% $NaOH$ 溶液，$CaCO_3$，100 $\mu g \cdot mL^{-1}$ 芦丁溶液（10 mg 芦丁用 70% 乙醇定容至 100 mL）。

3. 器材：分光光度计，电子天平，烘箱，水浴锅，索氏抽提器，分液漏斗。

三、实验内容与操作

1. 绘制标准曲线：将芦丁溶液用 70% 乙醇稀释成 0、5、10、15、20、25、30、35、40、45、50 $\mu g \cdot mL^{-1}$，各吸取 1 mL 于试管中，加 70% 乙醇 1 mL，加入 0.3 mL 5% $NaNO_2$ 溶液，6 min 后加入 0.3 mL 10% $Al(NO_3)_3$ 溶液，6 min 后再加入 2 mL 4% $NaOH$ 溶液使混合液澄清，10 min 后于分光光度计波长 510 nm 处测定 OD 值。绘制质量浓度-OD 值标准曲线。

2. 黄酮的提取：取银杏（或其他植物）叶子 1 g 置于索氏抽提器中，加入 70% 乙醇 100 mL 及少许 $CaCO_3$，抽提 6～8 h，倒出提取液减压浓缩蒸去乙醇。浓缩液于分液漏斗中用相同体积的乙醚洗 2～3 次，以除去叶绿素及蜡纸等，然后用 70% 乙醇定容至 100 mL，待测。另称取叶子 10 g 于 105℃烘箱中烘至恒重，以测定水分含量。

3. 提取液中总黄酮的测定：吸取样品溶液 1 mL，按上述同样的步骤和方法测得吸光度值，从标准曲线查得样品中总黄酮（以芦丁表示）的含量（$\mu g \cdot mL^{-1}$）。

4.结果计算

$$干叶中总黄铜含量(\mu g \cdot g^{-1}) = V \times \rho$$

式中:V—1 g 干叶制得的提取液体积,mL;

ρ—提取液中测得的总黄酮含量,$\mu g \cdot mL^{-1}$。

四、注意事项

1. 不同植物的黄酮化合物差异较大,提取可选用不同方法。
2. 如果选取的显色试剂不同,测定波长需要重新扫描。

五、思考题

1. 比较不同提取方式或提取时间下,银杏或荷叶等植物的黄酮含量差异。
2. 黄酮类化合物在植物生命活动中有什么作用?

附录一　　　常用缓冲溶液的配制

一、磷酸氢二钠-柠檬酸缓冲液

pH	0.2 mol·L^{-1} Na$_2$HPO$_4$/mL	0.1 mol·L^{-1} 柠檬酸/mL	pH	0.2 mol·L^{-1} Na$_2$HPO$_4$/mL	0.1 mol·L^{-1} 柠檬酸/mL
2.2	0.40	19.60	5.2	10.72	9.28
2.4	1.24	18.76	5.4	11.15	8.85
2.6	2.18	17.82	5.6	11.60	8.40
2.8	3.17	16.83	5.8	12.09	7.91
3.0	4.11	15.89	6.0	12.63	7.37
3.2	4.94	15.06	6.2	13.22	6.78
3.4	5.70	14.30	6.4	13.85	6.15
3.6	6.44	13.56	6.6	14.55	5.45
3.8	7.10	12.90	6.8	15.45	4.55
4.0	7.71	12.29	7.0	16.47	3.53
4.2	8.28	11.72	7.2	17.39	2.61
4.4	8.82	11.18	7.4	18.17	1.83
4.6	9.35	10.65	7.6	18.73	1.27
4.8	9.86	10.14	7.8	19.15	0.85
5.0	10.30	9.70	8.0	19.45	0.55

Na$_2$HPO$_4$ 分子量＝141.98；0.2 mol·L^{-1} 溶液的质量浓度为 28.40 g·L^{-1}。

Na$_2$HPO$_4$·2H$_2$O 分子量＝178.05；0.2 mol·L^{-1} 溶液的质量浓度为 35.61 g·L^{-1}。

C$_6$H$_8$O$_7$·H$_2$O 分子量＝210.14；0.1 mol·L^{-1} 溶液的质量浓度为 21.01 g·L^{-1}。

二、柠檬酸-柠檬酸钠缓冲液(0.1 mol·L^{-1})

pH	0.1 mol·L^{-1} 柠檬酸/mL	0.1 mol·L^{-1} 柠檬酸钠/mL	pH	0.1 mol·L^{-1} 柠檬酸/mL	0.1 mol·L^{-1} 柠檬酸钠/mL
3.0	18.6	1.4	5.0	8.2	11.8
3.2	17.2	2.8	5.2	7.3	12.7
3.4	16.0	4.0	5.4	6.4	13.6
3.6	14.9	5.1	5.6	5.5	14.5
3.8	14.0	6.0	5.8	4.7	15.3
4.0	13.1	6.9	6.0	3.8	16.2
4.2	12.3	7.7	6.2	2.8	17.2
4.4	11.4	8.6	6.4	2.0	18.0
4.6	10.3	9.7	6.6	1.4	18.6
4.8	9.2	10.8			

柠檬酸 $C_6H_8O_7 \cdot H_2O$,分子量＝210.14;0.1 mol·L^{-1} 溶液的质量浓度为 21.01 g·L^{-1}。

柠檬酸钠 $Na_3C_6H_5O_7 \cdot 2H_2O$,分子量＝294.12;0.1 mol·L^{-1} 溶液的质量浓度为 29.41 g·L^{-1}。

三、醋酸-醋酸钠缓冲液(0.2 mol·L^{-1})

pH (18℃)	0.2 mol·L^{-1} NaAC/mL	0.2 mol·L^{-1} HAC/mL	pH (18℃)	0.2 mol·L^{-1} NaAC/mL	0.2 mol·L^{-1} HAC/mL
3.6	0.75	9.25	4.8	5.90	4.10
3.8	1.20	8.80	5.0	7.00	3.00
4.0	1.80	8.20	5.2	7.90	2.10
4.2	2.65	7.35	5.4	8.60	1.40
4.4	3.70	6.30	5.6	9.10	0.90
4.6	4.90	5.10	5.8	9.40	0.60

NaAC·$3H_2O$ 分子量＝136.09;0.2 mol·L^{-1} 溶液的质量浓度为 27.22 g·L^{-1}。

四、磷酸盐缓冲液

1. 磷酸氢二钠-磷酸二氢钠缓冲液（0.2 mol·L^{-1}）

pH	0.2 mol·L^{-1} Na$_2$HPO$_4$/mL	0.2 mol·L^{-1} NaH$_2$PO$_4$/mL	pH	0.2 mol·L^{-1} Na$_2$HPO$_4$/mL	0.2 mol·L^{-1} NaH$_2$PO$_4$/mL
5.7	6.5	93.5	6.9	55.0	45.0
5.8	8.0	92.0	7.0	61.0	39.0
5.9	10.0	90.0	7.1	67.0	33.0
6.0	12.3	87.7	7.2	72.0	28.0
6.1	15.0	85.0	7.3	77.0	23.0
6.2	18.5	81.5	7.4	81.0	19.0
6.3	22.5	77.5	7.5	84.0	16.0
6.4	26.5	73.5	7.6	87.0	13.0
6.5	31.5	68.5	7.7	89.5	10.5
6.6	37.5	62.5	7.8	91.5	8.5
6.7	43.5	56.5	7.9	93.0	7.0
6.8	49.0	51.0	8.0	94.7	5.3

Na$_2$HPO$_4$·2H$_2$O 分子量＝178.05；0.2 mol·L^{-1} 溶液的质量浓度为 35.61 g·L^{-1}。

Na$_2$HPO$_4$·12H$_2$O 分子量＝358.22；0.2 mol·L^{-1} 溶液的质量浓度为 71.64 g·L^{-1}。

NaH$_2$PO$_4$·H$_2$O 分子量＝138.01；0.2 mol·L^{-1} 溶液的质量浓度为 27.6 g·L^{-1}。

NaH$_2$PO$_4$·2H$_2$O 分子量＝156.03；0.2 mol·L^{-1} 溶液的质量浓度为 31.21 g·L^{-1}。

2. 磷酸氢二钠-磷酸二氢钾缓冲液（1/15 mol·L^{-1}）

pH	1/15 mol·L^{-1} Na$_2$HPO$_4$/mL	1/15 mol·L^{-1} KH$_2$PO$_4$/mL	pH	1/15 mol·L^{-1} Na$_2$HPO$_4$/mL	1/15 mol·L^{-1} KH$_2$PO$_4$/mL
4.92	0.10	9.90	7.17	7.00	3.00
5.29	0.50	9.50	7.38	8.00	2.00
5.91	1.00	9.00	7.73	9.00	1.00
6.24	2.00	8.00	8.04	9.50	0.50
6.47	3.00	7.00	8.34	9.75	0.25
6.64	4.00	6.00	8.67	9.90	0.10
6.81	5.00	5.00	8.18	10.00	0
6.98	6.00	4.00			

Na$_2$HPO$_4$·2H$_2$O 分子量＝178.05；1/15 mol·L^{-1} 溶液的质量浓度为 11.876 g·L^{-1}。

KH$_2$PO$_4$ 分子量＝136.09；1/15 mol·L^{-1} 溶液的质量浓度为 9.078 g·L^{-1}。

五、巴比妥钠-盐酸缓冲液(18℃)

pH	0.04 mol·L⁻¹ 巴比妥钠溶液 /mL	0.2 mol·L⁻¹ 盐酸/mL	pH	0.04 mol·L⁻¹ 巴比妥钠溶液/mL	0.2 mol·L⁻¹ 盐酸/mL
6.8	100	18.4	8.4	100	5.21
7.0	100	17.8	8.6	100	3.82
7.2	100	16.7	8.8	100	2.52
7.4	100	15.3	9.0	100	1.65
7.6	100	13.4	9.2	100	1.13
7.8	100	11.47	9.4	100	0.70
8.0	100	9.39	9.6	100	0.35
8.2	100	7.21			

巴比妥钠盐的分子量＝206.18;0.04 mol·L⁻¹ 溶液的质量浓度为 8.25 g·L⁻¹。

六、Tris-盐酸缓冲液(25℃)

50 mL 0.1 mol·L⁻¹ 三羟甲基氨基甲烷(Tris)溶液与 X mL 0.1 mol·L⁻¹ 盐酸混匀后,加水稀释至 100 mL。

pH	X/mL	pH	X/mL
7.10	45.7	8.10	26.2
7.20	44.7	8.20	22.9
7.30	43.4	8.30	19.9
7.40	42.0	8.40	17.2
7.50	40.3	8.50	14.7
7.60	38.5	8.60	12.4
7.70	36.6	8.70	10.3
7.80	34.5	8.80	8.5
7.90	32.0	8.90	7.0
8.00	29.2		

羟甲基氨基甲烷(Tris)的分子量＝121.14;0.1 mol·L⁻¹ 溶液的质量浓度为 12.114 g·L⁻¹。
Tris 溶液可从空气中吸收二氧化碳,使用时注意将瓶盖严。

七、碳酸钠-碳酸氢钠缓冲液($0.1 \text{ mol} \cdot \text{L}^{-1}$)

pH		$0.1 \text{ mol} \cdot \text{L}^{-1}$ Na_2CO_3/mL	$0.1 \text{ mol} \cdot \text{L}^{-1}$ $NaHCO_3$/mL
37℃	20℃		
9.16	8.77	1	9
9.40	9.12	2	8
9.51	9.40	3	7
9.78	9.50	4	6
9.90	9.72	5	5
10.14	9.90	6	4
10.28	10.08	7	3
10.53	10.28	8	2
10.83	10.57	9	1

$Na_2CO_3 \cdot 10H_2O$ 分子量＝286.2；$0.1 \text{ mol} \cdot \text{L}^{-1}$ 溶液的质量浓度为 $28.62 \text{ g} \cdot \text{L}^{-1}$。

$NaHCO_3$ 分子量＝84.0；$0.1 \text{ mol} \cdot \text{L}^{-1}$ 溶液的质量浓度为 $8.40 \text{ g} \cdot \text{L}^{-1}$。

Ca^{2+}、Mg^{2+} 存在时不得使用。

八、常用缓冲溶液配制注意事项

绝大多数缓冲液的有效范围约在其 pK_a 值左右 1 pH 单位。常用的缓冲液列表如下：

酸 或 碱	pK_{a1}	pK_{a2}	pK_{a3}
磷　　酸	2.1	7.2	12.3
柠 檬 酸	3.1	4.8	5.4
碳　　酸	6.4	10.3	—
醋　　酸	4.8	—	—
巴 比 妥 酸	3.4	—	—
Tris(三羟甲基氨基甲烷)	8.3		

选择实验的缓冲系统时，要特别慎重。因为影响实验结果的因素有时并不是缓冲液的 pH，而是缓冲液中的某种离子，选用下列缓冲系统时应加以注意。

1. 硼酸盐：硼酸盐能与许多化合物（如糖）生成复合物。

2. 柠檬酸盐：柠檬酸离子能与 Ca^{2+} 结合，因此不能在 Ca^{2+} 存在时使用。

3. 磷酸盐：它可能在一些实验中作为酶的抑制剂甚至代谢物起作用。重金属离子能与此溶液生成磷酸盐沉淀，而且它在 pH 7.5 以上的缓冲能力很小。

4. Tris：Tris 缓冲液能在重金属离子存在时使用，但也可能在一些系统中起抑制剂的作用。它的主要缺点是温度效应（此点常被忽视）。室温时 pH 7.8 的 Tris 缓冲液在 4℃ 时的 pH 为 8.4，在 37℃ 时为 7.4，因此一种物质在 4℃ 制备时到 37℃ 测量时其氢离子浓度可增加 10 倍之多。Tris 在 pH 7.5 以下的缓冲能力很弱。

附录二 常用酸碱指示剂的配制

1.酚酞指示剂

取酚酞 1 g,加 95％乙醇 100 mL 溶解,即得。变色范围为 pH 8.3～10.0(无色—红)。

2.淀粉指示液

取可溶性淀粉 0.5 g,加水 5 mL 搅匀后,缓缓倾入 100 mL 沸水中,随加随搅拌,继续煮沸 2 min,放冷,取上清液即得(本液应临用前配制)。

3.碘化钾淀粉指示液

取碘化钾 0.2 g,加新制的淀粉指示液 100 mL 溶解,即得。

4.甲基红指示液

取甲基红 0.1 g,加氢氧化钠液(0.05 mol·L⁻¹)7.4 mL 溶解,再加水稀释至 200 mL,即得。变色范围为 pH 4.2～6.3(红—黄)。

5.甲基橙指示液

取甲基橙 0.1 g ,加水 100 mL 溶解,即得。变色范围为 pH 3.2～4.4(红—黄)。

6.中性红指示液

取中性红 0.5 g,加水溶解定容至 100 mL,过滤,即得。变色范围为 pH 6.8～8.0 (红—黄) 。

7.孔雀绿指示液

取孔雀绿 0.3 g,加冰醋酸 100 mL 溶解,即得。变色范围为 pH 0.0～2.0(黄—绿);pH 11.0～13.5(绿—无色)。

8.对硝基酚指示液

取对硝基酚 0.25 g,加水 100 mL 溶解,即得。

9.刚果红指示液

取刚果红 0.5 g,加 10％乙醇 100 mL 溶解,即得。变色范围为 pH 3.0～5.0(蓝—红)。

10.结晶紫指示液

取结晶紫 0.5 g,加冰醋酸 100 mL 溶解,即得。

附录三　基本常数

类　别	换　算
气体常数	$R = 8.314\ 4\ \text{J} \cdot \text{mol}^{-1} \cdot \text{K}^{-1}$ $= 0.083\ 144\ \text{L} \cdot \text{bar} \cdot \text{mol}^{-1} \cdot \text{K}^{-1}$ $= 0.082\ 057\ \text{L} \cdot \text{atm} \cdot \text{mol}^{-1} \cdot \text{K}^{-1}$ $= 8\ 314.41\ \text{L} \cdot \text{Pa} \cdot \text{mol}^{-1} \cdot \text{K}^{-1}$
标准大气压	$P = 1.013\ 25\ \text{bar} = 101\ 325\ \text{Pa}$
理想气体的摩尔体积 （在标准温度气压下）	$V_m = 22.413\ 83\ \text{L} \cdot \text{mol}^{-1}$

名称	化学式	相对密度（20℃）	质量分数/%	质量浓度/(g·mL⁻¹)	物质的量浓度/(mol·L⁻¹)	配制方法
浓盐酸	HCl	1.19	38	44.30	12	
稀盐酸	HCl			10	2.8	浓盐酸 234 mL 加水至 1 000 mL
浓硫酸	H_2SO_4	1.84	96～98	175.9	18	
稀硫酸	H_2SO_4			10	1	浓硫酸 57 mL 缓缓倾入约 800 mL 水中,并加水至 1 000 mL
浓硝酸	HNO_3	1.42	70～71	99.12	16	
稀硝酸	HNO_3			10	1.6	浓硝酸 105 mL 缓缓加入约 800 mL 水中,并加水至 1 000 mL
冰醋酸	CH_3COOH	1.05	99.5	104.48	17	
稀醋酸	CH_3COOH			6.01	1	冰醋酸 60 mL 加水稀释至 1 000 mL
高氯酸	$HClO_4$	1.75	70～71		12	
浓氨溶液	$NH_3·H_2O$	0.90	25%～27% NH_3	22.5%～24.3% NH_3	15	
氨试液（稀氢氧化氨液）		0.96	10% NH_3	9.6% NH_3	6	浓氨液 400 mL 加水稀释至 1 000 mL

附录五　　常用有机溶剂及其主要性质

名称	化学式	分子量	熔点/℃	沸点/℃	溶解性	性质
甲醇	CH_3OH	32.04	−97.8	64.7	溶于水、乙醇、乙醚、苯等	无色透明液体。易被氧化成甲醛。其蒸气能与空气形成爆炸性的混合物。有毒,误饮后,能使眼睛失明。易燃,燃烧时生成蓝色火焰
乙醇	C_2H_5OH	46.07	−114.10	78.50	能与水、苯、醚等许多有机溶剂相混溶。与水混溶后体积缩小,并释放热量	无色透明液体,有刺激性气味,易挥发。易燃。为弱极性的有机溶剂
丙醇	C_3H_7OH	60.09	−127.0	97.20	与水、乙醇、乙醚等混溶	无色液体,对眼睛有刺激作用。有毒,易燃
丙三醇（甘油）	$C_3H_8O_3$	92.09	20	180	易溶于水,在乙醇等中溶解度较小,不溶解于醚、苯和氯仿	无色有甜味的黏稠液体。具有吸湿性,但含水到20%就不再吸水
丙酮	C_3H_6O	58.08	−94.0	56.5	与水、乙醇、氯仿、乙醚及多种油类混溶	无色透明易挥发的液体,有令人愉快的气味。能溶解多种有机物,是常用的有机溶剂。易燃
乙醚	$C_4H_{10}O$	74.12	−116.3	34.6	微溶于水,易溶于浓盐酸,与醇、苯、氯仿、石油醚及脂肪溶剂混溶	无色透明易挥发的液体,其蒸气与空气混合极易爆炸。有麻醉性。易燃,避光置阴凉处密封保存。在光下易形成爆炸性过氧化物
乙酸乙酯	$C_4H_9O_2$	88.1	−83.0	77.0	能与水、乙醇、乙醚、丙酮及氯仿等混溶	无色透明易挥发的液体。易燃。有果香味
苯	C_6H_6	78.11	5.5(固)	80.1	微溶于水和醇,能与乙醚、氯仿及油等混溶	白色结晶粉末,溶液呈酸性。有毒性,对造血系统有损害。易燃
甲苯	C_7H_8	92.12	−95	110.6	不溶于水,能与多种有机溶剂混溶	无色透明有特殊芳香味的液体,易燃,有毒

续表

名称	化学式	分子量	熔点/℃	沸点/℃	溶解性	性质
二甲苯	C_8H_{10}	106.16	$-25.2\sim$ -47.9	$137\sim$ 140	不溶于水,与无水乙醇、乙醚、三氯甲烷等混溶	无色透明液体,易燃,有毒。高浓度有麻醉作用
苯酚	C_6H_5OH	94.11	42	182.0	溶于热水,易溶于乙醇等有机溶剂。不溶于冷水和石油醚	无色结晶,见光或露置空气中变为淡红色。有刺激性和腐蚀性。有毒
氯仿	$CHCl_3$	119.39	-63.5	61.2	微溶于水,能与醇、醚、苯等有机溶剂及油类混溶	无色透明有香甜味的液体,易挥发,不易燃烧。在光和空气中的氧气作用下产生光气。有麻醉作用
四氯化碳	CCl_4	153.84	-23(固)	76.7	不溶于水,能与乙醇、苯、氯仿等混溶	无色透明不燃烧的液体。可用于灭火。有毒
二硫化碳	CS_2	76.14	-111.6	46.5	难溶于水,能与乙醇等有机溶剂混溶	无色透明的液体,有毒,有恶臭,极易燃
石油醚				$30\sim70$	不溶于水,能与多种有机溶剂混溶	是低沸点的碳氢化合物的混合物。有挥发性,极易燃,和空气的混合物有爆炸性
甲醛	CH_2O	30.03	-92	-21	能与水和乙醇等任意混合。30%～40%的甲醛水溶液称为福尔马林,并含有5%～15%的甲醇	无色透明液体,遇冷聚合变浑,形成多聚甲醛的白色沉淀。在空气中能逐渐被氧化成甲酸。有凝固蛋白质的作用。避光,密封,15℃以上保存。有毒
乙醛	CH_3CHO	44.05		20.8	能与水和乙醇任意混合	无色透明液体,久置聚合并发生浑浊或沉淀。易挥发。乙醛气体与空气混合后易引起爆炸
二甲亚砜	CH_3SOCH_3	78.14	18.5	189	能与水、醇、醚、丙酮、乙醛、吡啶、乙酸乙酯等混溶,不溶于乙炔以外的芳烃化合物	有刺激性气味的无色黏稠液体,有吸湿性。常用作冷冻材料时的保护剂。为非质子化的极性溶剂,能溶解二氧化硫、二氧化氮、氯化钙、硝酸钠等无机盐

续表

名称	化学式	分子量	熔点/℃	沸点/℃	溶解性	性 质
乙二胺四乙酸	$C_{10}H_{16}N_2O_8$	292.25	240		溶于氢氧化钠、碳酸钠和氨溶液,不溶于冷水、醇和一般有机溶剂	白色结晶粉末,能与碱金属、稀土元素、过度金属等形成极稳定的水溶性络合物,常用作络合试剂
吐温-80					能与水及多种有机溶剂相混溶,不溶于矿物油和植物油	浅粉红色油状液体。有脂肪味

附录六　常见植物生长调节物质及其主要性质

名　称	化学式	分子量	溶　解　性　质
吲哚乙酸 （IAA）	$C_{10}H_9O_2N$	175.19	溶于醇、醚、丙酮，在碱性溶液中较稳定，遇热酸后失去活性
吲哚丁酸 （IBA）	$C_{12}H_{13}O_3N$	203.24	溶于醇、丙酮、醚，不溶于水、氯仿
α-萘乙酸 （NAA）	$C_{12}H_{10}O_2$	186.20	易溶于热水，微溶于冷水，溶于丙酮、醚、乙酸、苯
2,4-二氯苯氧乙酸 （2,4-D）	$C_8H_6C_{12}O_3$	221.04	难溶于水，溶于醇、丙酮、乙醚等有机溶剂
赤霉素 （GA_3）	$C_{19}H_{22}O_6$	346.4	难溶于水，不溶于石油醚、苯、氯仿而溶于醇类、丙酮、冰醋酸
4-碘苯氧乙酸 （增产灵）（PIPA）	$C_8H_7O_3I$	278	微溶于冷水，易溶于热水、乙醇、氯仿、乙醚、苯
对氯苯氧乙酸（防落素）（PCPA）	$C_8H_7O_3Cl$	186.5	溶于乙醇、丙酮和醋酸等有机溶剂和热水
激动素 （KT）	$C_{10}H_9N_5O$	215.21	易溶于稀盐酸、稀氢氧化钠、微溶于冷水、乙醇、甲醇
6-苄基腺嘌呤 （BA）	$C_{12}H_{11}N_5$	225.25	溶于稀碱稀酸，不溶于乙醇
脱落酸（ABA）	$C_{15}H_{20}O_4$	264.3	溶于碱性溶液如 $NaHCO_3$、三氯甲烷、丙酮、乙醇
2-氯乙基膦酸 （乙烯利）	$ClCH_2PO(OH_2)$	144.5	易溶于水、乙醇、乙醚
2,3,5-三碘苯甲酸 （TIBA）	$C_7H_3O_2I_3$	500.92	微溶于水，可溶于热苯、乙醇、丙酮、乙醚
青鲜素（MH）	$C_4H_4O_2N_2$	112.09	难溶于水，微溶于醇，易溶于冰醋酸、二乙醇胺
缩节胺（助壮素） （Pix）	$C_7H_{16}NCl$	149.5	可溶于水
矮壮素 （CCC）	$C_5H_{13}NCl_{12}$	158.07	易溶于水，溶于乙醇、丙酮，不溶于苯、二甲苯、乙醚
B_9	$C_6H_{12}N_2O_3$	160.0	易溶于水、甲醇、丙酮、不溶于二甲苯

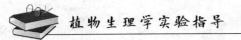

续表

名 称	化学式	分子量	溶 解 性 质
多效唑 （PP$_{333}$）	C$_{15}$H$_{20}$ClN$_3$O	293.5	易溶于水、甲醇、丙酮
三十烷醇 （TAL）	CH$_3$ （CH$_2$）$_{28}$CH$_2$OH	438.38	不溶于水,难溶于冷甲醇、乙醇,可溶于热苯、丙酮、乙醇、氯仿
油菜素内酯 （BR）	C$_{28}$H$_{48}$O$_6$	480	溶于甲醇、乙醇等

附录七　植物组织培养常用培养基的成分

mg·L^{-1}

培养基成分	MS	B5	N6	SH	NN	White
$(NH_4)_2SO_4$		134	463			
NH_4NO_3	1 650				720	
KNO_3	1 900	2 500	2 830	2 500	950	80
$Ca(NO_3)_2 \cdot 4H_2O$						200
$CaCl_2 \cdot 2H_2O$	440	150	166	200	166	
$MgSO_4 \cdot 7H_2O$	370	250	185	400	185	720
KH_2PO_4	170		400		68	
$NaH_2PO_4 \cdot H_2O$		150				17
$NH_4H_2PO_4$				300		
Na_2SO_4						200
Na_2-EDTA	37.3	37.3	37.3	15	37.3	
Fe-EDTA						
$Fe_2(SO_4)_3$						2.5
$FeSO_4 \cdot 7H_2O$	27.8	27.8	27.8	20	27.8	
$MnSO_4 \cdot H_2O$				10		
$MnSO_4 \cdot 4H_2O$	22.3	10	4.4		25	5.0
$ZnSO_4 \cdot 7H_2O$	8.6	2.0	3.8	1.0	10	3.0
H_3BO_3	6.2	3.0	1.6	5.0	10	1.5
KI	0.83	0.75	0.8	1.0		0.75
$Na_2MoO_4 \cdot 2H_2O$	0.25	0.25		0.1	0.25	
MoO_3						0.001
$CuSO_4 \cdot 5H_2O$	0.025	0.25		0.2	0.025	
$CoCl_2 \cdot 6H_2O$	0.025	0.025		0.1		
盐酸硫胺素（维生素 B_1）	0.1	10	1.0	5.0	0.5	0.1
烟酸	0.5	1.0	0.5	5.0	5.0	0.3
盐酸吡哆醇（维生素 B_6）	0.5	1.0	0.5	5.0	0.5	0.1
肌醇	100	100		1 000	100	
叶酸					0.5	
生物素（维生素 H）					0.05	

续表

培养基成分	MS	B5	N6	SH	NN	White
甘氨酸	2.0		2.0		2.0	3.0
蔗糖	30 000	20 000	50 000	30 000	20 000	20 000
琼脂(g)	10	10	10		8	10
pH	5.8	5.5	5.8	5.8	5.5	5.6

注:(1)MS为高盐成分培养基,其中硝酸盐、铵盐、钾盐含量均较高,微量元素种类齐全,养分均衡,在组织培养中应用最广。B5和N6培养基含较高的硝酸盐、较低的铵盐,其中B5含较高的盐酸硫胺素,适合培养葡萄、豆科植物及十字花科植物;N6培养基适用于单子叶植物和柑橘类植物的花药培养。SH培养基矿物盐含量较高,而NN培养基中大量元素约为MS培养基的一半,维生素种类增加,适于花药培养。White培养基也是低盐培养基,多用于生根培养。

(2)本表所列为基本培养基,不包含植物激素及生长调节物质。这些物质的加入量须根据培养目的而定,可参考有关书籍或通过实验确定。

(3)MS出自Murashige & Skoog(1968);B5出自Gamborg(1962);N6出自朱自清(1975);SH出自Schenk & Hildebrandt(1972);NN出自Nitsch,JP & Nitsch,C(1969);White出自White(1963)。

参 考 文 献

[1] 李玲. 植物生物学模块实验指导. 北京:科学出版社,2009.

[2] 郝建军. 植物生物学实验技术. 北京:科学出版社,2007.

[3] 高俊凤. 植物生理学实验指导. 北京:高等教育出版社,2006.

[4] 王学奎. 植物生理生化实验原理和技术. 2 版. 北京:高等教育出版社,2006.

[5] 陈建勋,王晓峰. 植物生理学实验指导. 2 版. 广州:华南理工大学出版社,2006.

[6] 余沛涛. 植物生理学设计性实验指导与习题汇编. 杭州:浙江大学出版社,2006.

[7] 李合生. 植物生理生化实验原理和技术. 北京:高等教育出版社,2005.

[8] 萧浪涛,王三根. 植物生理学实验技术. 北京:中国农业出版社,2005.

[9] 郝再彬,苍晶,徐仲. 植物生理学实验. 哈尔滨:哈尔滨工业大学出版社,2004.

[10] 张治文. 植物生理学实验指导. 北京:中国农业科技出版社,2004.

[11] 张志良,翟伟菁. 植物生理学实验指导. 3 版. 北京:高等教育出版社,2003.

[12] 刘永军,郭守华,杨晓玲. 植物生理生化实验. 秦皇岛:河北科技师范学院,2003.

[13] 高俊凤. 植物生理学实验技术. 北京:世界图书出版公司,2000.

[14] 李合生. 植物生理生化原理和技术. 北京:高等教育出版社,2000.

[15] 邹琦. 植物生理学实验指导. 北京:中国农业出版社,2000.

[16] 中国科学院上海植物生理研究所,上海市植物生理学会. 现代植物生理学实验指南. 北京:科学出版社,1999.

[17] 赵世杰. 植物生理学实验指导. 北京:中国农业科技出版社,1998.

[18] 张宪政,陈凤玉,王荣富. 植物生理学实验技术. 沈阳:辽宁科学技术出版社,1994.

[19] 白宝璋. 植物生理学测试技术. 北京:中国科学技术出版社,1993.

[20] 宋广廉. 植物生理学实验. 北京:北京大学出版社,1990.

[21] 戴高兴,张宗琼,邓国富. 紫叶水稻叶内丙二醛测定中花青素干扰的排除. 植物生理学通讯,2006,42(6):1147-1148.

[22] 戴高兴,彭克勤,萧浪涛,等. 乙二醇模拟干旱对耐低钾水稻幼苗丙二醛、脯氨酸含量和超氧化物歧化酶活性的影响. 中国水稻科学,2006,20(5):557-559.

[23] 李静,聂继云,李海飞,等. 苹果果实单宁 Folin-Denis 测定法. 中国果树,2006(5):57-59.

[24] 蔡庆生. 植物生理学实验. 北京:中国农业大学出版社,2015.

[25] 王三根. 植物生理学实验教程. 北京:科学出版社,2017.